普通高等院校"十三五"规划教材——畜牧兽医类
榆林学院教材出版基金资助

猪生产技能训练指导

主　编　敬晓棋
副主编　刘健鹏　黄光东

西南交通大学出版社
·成都·

图书在版编目（CIP）数据

猪生产技能训练指导／敬晓棋主编 . —成都：西南交通大学出版社，2016.11（2021.7 重印）
普通高等院校"十三五"规划教材 . 畜牧兽医类
ISBN 978-7-5643-5103-8

Ⅰ . ①猪… Ⅱ . ①敬… Ⅲ . ①养猪学 – 高等学校 – 教材 Ⅳ . ①S828

中国版本图书馆 CIP 数据核字（2016）第 267289 号

普通高等院校"十三五"规划教材——畜牧兽医类

猪生产技能训练指导

主编　敬晓棋

责　任　编　辑	陈　斌
封　面　设　计	何东琳设计工作室
出　版　发　行	西南交通大学出版社 （四川省成都市二环路北一段 111 号 西南交通大学创新大厦 21 楼）
发 行 部 电 话	028-87600564　　028-87600533
邮　政　编　码	610031
网　　　　　址	http://www.xnjdcbs.com
印　　　　　刷	四川森林印务有限责任公司
成　品　尺　寸	185 mm×260 mm
印　　　　　张	6
字　　　　　数	120 千
版　　　　　次	2016 年 11 月第 1 版
印　　　　　次	2021 年 7 月第 3 次
书　　　　　号	ISBN 978-7-5643-5103-8
定　　　　　价	18.00 元

课件咨询电话：028-87600533
图书如有印装质量问题　本社负责退换
版权所有　盗版必究　举报电话：028-87600562

前　言

《猪生产技能训练指导》教材的编写，一方面是适应教育部高等教育向培养应用型人才方向转变的大政方针，另一方面也是与我国目前的规模化、工厂化、市场化的猪生产模式相适应，为应用型、创新型、技能型的现代养猪人才培养提供生产技能训练指导。

本教材包括猪场生产实用技能、现代化猪场经营管理技能和规模化猪场目标与饲养管理技能三篇，分别对应猪场技术员、场长和饲养员三类岗位。本教材以职业岗位技能训练为目标和核心，从基本素养、基本技能和拓展能力 3 个层次培养掌握不同猪群生产、猪场建设、管理、经营的猪生产应用型专门人才和技术人员。

本教材由敬晓棋担任主编，负责全书编写和统稿；刘健鹏、黄光东担任副主编，分别参与了第二篇和第三篇的整理和撰写。

《猪生产技能训练指导》教材适用于应用型本科院校畜牧兽医、动物医学、动物科学等专业的学生进行课程实践教学、教学实习、生产实习和毕业实习等，也可作为一线从事养猪生产和管理的饲养员、技术员及管理人员的参考书。

编　者

2016 年 9 月

目 录

第一篇 猪场生产实用技能 …………………………………………………………… 1

- 技能一 猪品种的识别与鉴定 ………………………………………………… 1
- 技能二 猪的外貌鉴定 ………………………………………………………… 3
- 技能三 猪的编号与识别 ……………………………………………………… 5
- 技能四 猪群结构检查 ………………………………………………………… 10
- 技能五 猪的活体测膘技术 …………………………………………………… 12
- 技能六 猪的体尺测量和体重估计技术 ……………………………………… 15
- 技能七 猪的屠宰测定 ………………………………………………………… 17
- 技能八 猪的人工采精与种公猪调教 ………………………………………… 21
- 技能九 精液品质的检查 ……………………………………………………… 24
- 技能十 精液的稀释 …………………………………………………………… 26
- 技能十一 猪的发情鉴定与输精 ……………………………………………… 29
- 技能十二 母猪的妊娠诊断 …………………………………………………… 32
- 技能十三 接产与初生仔猪的护理 …………………………………………… 34
- 技能十四 仔猪阉割术 ………………………………………………………… 38

第二篇 现代化猪场经营管理技能 ……………………………………………… 40

- 技能一 现代化猪场规划与建设 ……………………………………………… 40
- 技能二 猪舍常用设施及维修 ………………………………………………… 42
- 技能三 猪场生产指标、生产计划与生产流程 ……………………………… 45
- 技能四 猪场物资与报表管理 ………………………………………………… 47
- 技能五 猪场存栏猪结构 ……………………………………………………… 49
- 技能六 各类猪喂料标准 ……………………………………………………… 50
- 技能七 种猪淘汰原则与更新计划 …………………………………………… 52

技能八　猪场常用数据表格 …………………………………………… 54

　　技能九　万头商品猪场工艺流程设计 ……………………………… 58

　　技能十　应用育种记录选择种猪 …………………………………… 61

第三篇　规模化猪场目标与饲养管理技能 ………………………………… 65

　　技能一　仔猪和哺乳母猪的饲养管理 ……………………………… 65

　　技能二　保育猪的饲养管理 ………………………………………… 69

　　技能三　生长育成猪的饲养管理 …………………………………… 71

　　技能四　后备母猪的饲养管理 ……………………………………… 72

　　技能五　配种和妊娠母猪的饲养管理 ……………………………… 73

　　技能六　种公猪的饲养管理 ………………………………………… 74

　　技能七　生物安全及其消毒 ………………………………………… 76

　　技能八　疫苗及其免疫 ……………………………………………… 79

参考文献 …………………………………………………………………………… 89

第一篇　猪场生产实用技能

技能一　猪品种的识别与鉴定

一、目的与要求

学生利用多媒体、幻灯片等途径认识和鉴别常见猪的品种，并能复述其突出外貌特征和生产性能。

二、设备和材料

不同猪的品种图片、模型、多媒体课件等。

三、技能训练内容与方法

实验采用多媒体课件观看和讲解，使学生对我国饲养的主要猪的品种外貌特征和生产性能进行识别和掌握，并通过猪的模型和实地观察进行猪的外貌鉴定。

指导教师首先播放多媒体课件、视频等，结合讲授有关内容后进行归纳；然后师生共同辨认各个品种，总结出各个品种的外貌特征、经济类型及生产性能；最后指导教师放幻灯片，指定学生回答品种名称、外貌特征、经济类型及生产性能等。

（1）主要引入品种猪：杜洛克猪、长白猪、大约克夏猪、汉普夏猪、皮特兰猪等。

（2）主要地方品种猪：太湖猪、东北民猪、金华猪、内江猪、藏猪、香猪及陕西特有猪品种——八眉猪。

（3）主要培育品种猪：三江白猪、苏太猪、北京黑猪等。

四、技能训练报告

根据对片子的观察与辨认,按品种、外貌特征、经济类型及主要生产性能的格式写出实验报告。

技能二 猪的外貌鉴定

一、目的与要求

通过本次实验,学生要掌握猪的主要品种外貌特征及生产性能特点,学习优良种猪的外貌鉴定的程序和方法。

二、设备与材料

(1)多媒体素材、投影机。
(2)观察畜牧场杜洛克、长白、大约克、八眉猪等种猪外貌特征,并进行外貌评定。

三、技能训练内容

(1)观看猪的品种幻灯片。
(2)根据评分标准对种猪进行外貌鉴定并打分(见表1-1和1-2)。

表1-1 种猪的外貌评分表

类别	说明	标准评分
一般外貌	头颈轻、身体伸长,后躯很发达,体要高,背线稍呈弓壮,腹线大致平直,各部位匀称,身体紧凑,被毛光泽无斑点,滑无皱折,性情温顺有精神,性征表现明显,体质强健,合乎标准	25
头颈	头轻,鼻端宽,下巴正,面颊紧凑,目光温顺有神,两耳间距不狭窄,头颈肩转移平顺	5
前躯	要轻,紧凑,肩的附着良好,向前肢和中躯转移良好,腰要深、充实,前胸要宽	15
中躯	背腰长,向后躯转移良好,背大体平直强壮,背的宽度不狭窄,肋部开张,腹部深、充实,前胸要宽	20

续表

类 别	说 明	标准评分
后躯	臀部宽、长，尾根附着高，腿厚、宽，飞节充实、紧凑，整个后躯丰满，尾的长度、粗细适中	20
乳房、生殖器	乳房形质良好，正常的乳头有12个以上，排列整齐，乳房无过多脂肪，生殖器发育正常，形质良好	5
肢、蹄	四肢稍长，站立端正，肢间要宽，飞节健壮，管骨不太粗，很紧凑，系部要短，有弹性，蹄质好，左右一致，步态轻盈准确	10
合 计		100

表1-2 理想瘦肉型种猪的体型与一般肉猪的体型比较

项 目	理想瘦肉型种猪体型	一般肉猪体型
头颈	头颈轻秀，下额整齐	颈过短或过长，下额过垂
肩	平整	粗糙
背腹部	背平或稍拱，腹线整齐	背腹线不整齐
四肢	中等长	卧系、腿过短或过长
臀腿	肌肉丰满，尾根高	薄的大腿、尾根低、斜尻
躯体	长、宽、深都适中	体侧深、体躯较薄

四、技能训练报告

（1）简述本地区饲养的主要引进品种猪的外貌特征及生产性能的特点。

（2）在参观养猪场后，给所观察的某头种猪进行评分。

技能三　猪的编号与识别

一、目的与要求

（1）繁殖猪场和种猪场猪群编号是为了便于进行选种选配、生产计划管理和建立记录档案资料，本次实验要求学生掌握猪的编号规则并能准确识别猪的编号，奠定猪场生产和管理基础知识和能力。

（2）能区别猪的耳号牌和畜禽标识。

（3）明确仔猪打耳号的意义。

新生仔猪的耳号编制是每个种猪场必做的工作。仔猪耳号编制得好坏直接影响到以后各阶段种猪生产性能的测定记录、销售种猪的档案记录、血缘追踪记录、遗传信息反馈（如疝气、单睾、毛色、五爪猪等）等。仔猪耳号的准确无误对维护"育种管理系统"数据的传递以及了解种猪个体生长发育与种猪本场选留、种猪销售时的系谱档案等种猪生产性能测定的记录系统存在着紧密的联系。

二、设备和材料

实验器械：不同型号的耳号钳（剪）、耳号牌、记号笔、镊子、棉球、碘酒等。

三、技能训练内容与方法

（一）编号时间及记录要求

1. 时间

新生仔猪耳号应在出生后 24 h 内必须编制完，一般选择环境气温和猪只体温相对偏低的早上 7:00～10:00 进行或下午 18:00～19:00 进行，尽可能地减少打（剪）耳号时的流血。

2. 编制耳号时的记录

母猪分娩时核对母猪耳号与种猪繁育记录卡上的父母品种、耳号、母猪产仔的胎次、配种日期、配种方式、交配次数、分娩时间、妊娠天数、产仔总数、产活仔数、弱仔数、畸形、死胎、木乃伊及是否顺产等信息。对仔猪编号并填写《产仔哺育记录表》。

将《产仔哺育记录表》上的这些记录输入电脑中的"育种管理系统",便于进行母猪繁殖性能测定,掌握母猪繁殖水平,在选留后备种猪和淘汰繁殖性能差的母猪时作为参考。

3. 耳号编制

（1）留种或做试验的仔猪要编号,肉用的育肥猪不编耳号。

（2）编号顺序一般是按每年窝号顺序进行,公猪采用单号1、3、5、7…母猪采用双号2、4、6、8…

（二）打耳缺

在国内多采用耳缺标识法。打耳缺成本低、易识别,但容易因剪到血管而造成出血、感染,对猪的刺激较大,且一旦剪错,无法修改。

1. 打耳缺方法

（1）利用耳号钳（剪）在猪耳上打出缺口或圆孔,每个缺口或圆孔代表一个不同的数字,把几个数字相加,即得出猪的耳号。

（2）用棉球蘸上碘酒（或酒精）涂擦仔猪的耳背。

（3）用消毒的耳号剪,在耳缘剪下不同的缺口或在耳中间打上不同的圆孔,以此来代表不同的数字。

（4）多采用"左大右小（正对猪头,"左"实为猪的右耳,"右"实为猪的左耳）,上一下三"的剪耳法。

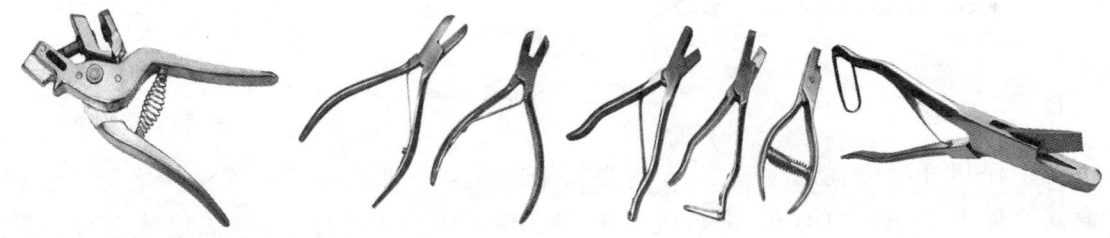

图1-1　耳号钳

注意：打耳号时（剪耳缺），要剪断猪的耳朵软骨，如打在皮肤上，长大后就看不清。两个缺口不宜靠得太近，以免相连处烂掉，混成一个号，同时要避开血管，减少流血，剪后用碘酒消毒。常见的耳号钳如图1-1所示。

2. 耳缺编号举例

（1）13打法（见图1-2）。

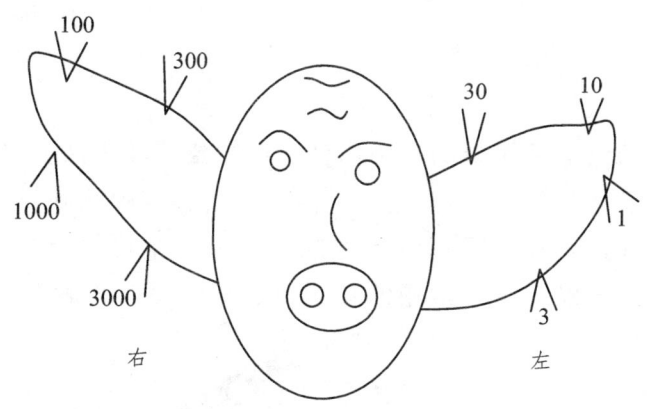

图1-2 13打法

（2）139打法。

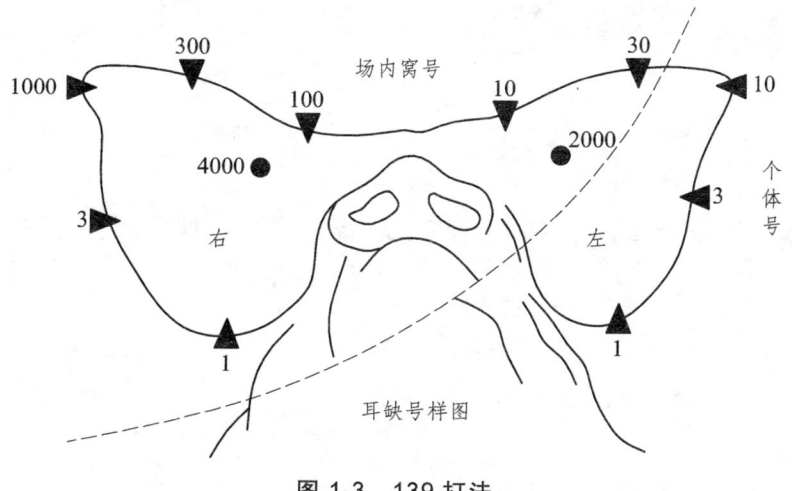

图1-3 139打法

注意：虚线上方为场内窝号，下方为猪只个体编号。

（3）NY/T 820-2004种猪登记技术规范。

正对猪头左耳打孔表示场内窝号4000，右耳打孔表示场内窝号2000，虚线上方为场内窝号，下方为猪只个体编号。如图1-3所示。

（三）打耳刺

耳刺也就是在猪的耳朵上文身或刺青，这种方法一般在国外常用。尽管打耳刺投资较高，对猪的刺激较大，识别和文刺的时候都较麻烦，但准确率高、不易出错、卫生，可以较好地防止感染，且刺错后可再修改。

（四）耳牌法

耳牌法是所有标识中最简单的一种方法，它集合了耳刺法和耳缺法的所有优点，唯一不足的是耳牌易坏易掉，一旦丢失，无法追溯。耳牌法在国内国外基本上都是集合耳刺和耳缺一起用，这样可以双重保险，丢失一个可以再追溯到另外一个，这样就可以保证耳号的准确无误。常用的耳刺钳、耳牌钳、耳牌如图1-4所示。

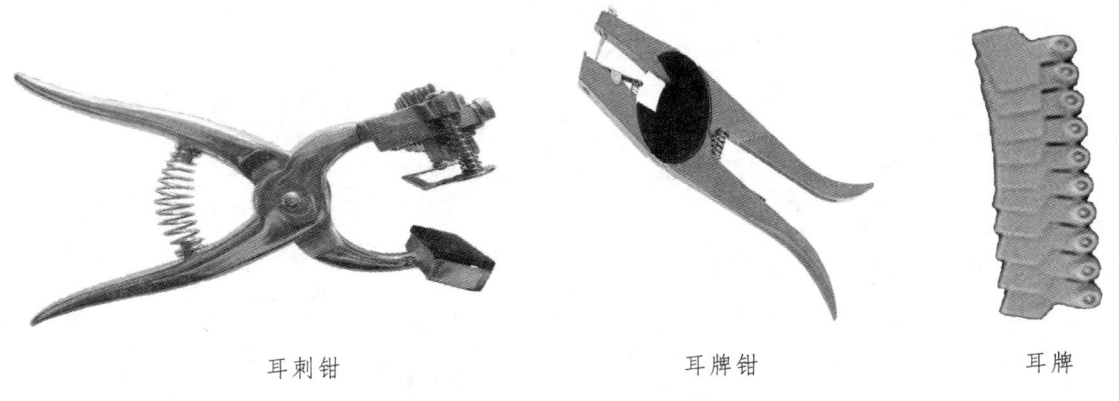

耳刺钳　　　　　耳牌钳　　　　耳牌

图 1-4

一般经选择后备公猪体重40 kg以上，后备母猪配上种后用耳牌钳将写好编号的耳牌打上猪耳。

（五）种猪个体号（ID）

种猪个体号（ID）由15位字母和数字构成：
- 第1～2位用英文字母表示品种（DD、LL、YY，二元母猪=父+母，如LY）。
- 第3～6位用英文字母表示场号（农业部统一认定）。
- 第7位用数字表示场内分场号（先用1至9，后用A至Z，无分场用1）。
- 第8～9位用数字表示个体出生年度。
- 第10～13位用数字表示场内窝序号。

·第 14~15 位用数字表示窝内个体号。

一般建议个体编号用耳标 + 刺标或耳缺作双重标记。例：DDXXXX199000101 表示 XXXX 场一分场 1999 年第一窝出生的第一头杜洛克纯种猪。

（六）畜禽标识

（1）中华人民共和国农业部令第 67 号《畜禽标识和养殖档案管理办法》，自 2006 年 7 月 1 日起施行。

（2）强制免疫疫苗后打上的国标标识（见图 1-5）。

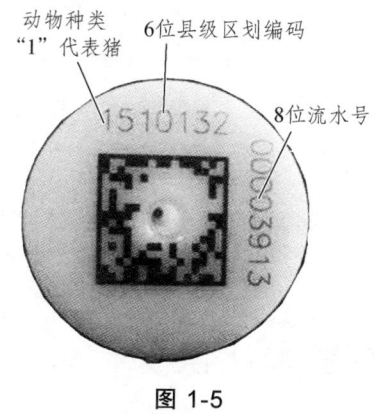

图 1-5

四、技能训练报告

（1）分别绘制 13 和 139 耳缺打法图示。

（2）辨识 5 头种猪耳号。

技能四　猪群结构检查

一、目的与要求

明确猪场猪群结构对猪场生产的意义，掌握猪群生产结构调整的规则和方法，奠定猪场生产和管理的能力。

二、设备和材料

养猪场的生产猪群的记录、猪群结构分析表、计算器等。

三、猪场猪群结构基本认识

1. 猪群结构的概念

猪群结构是指繁殖场或种猪场内，不同性别、不同年龄和不同用途的猪类群占猪群总头数的比重，包括种猪、后备猪、仔猪、育成猪和肥育猪群及生产母猪的年龄比例。

2. 猪群结构的组成

（1）哺乳仔猪组：是指从出生到断乳的仔猪，一般为 0~28 日龄的仔猪。

（2）育成猪组：指从断乳到四月龄的生长猪，一般为 28 日龄~4 月龄的猪。

（3）后备猪组：指从出生后 4 月龄到配种前作种用或繁殖用猪，公猪叫后备公猪，母猪叫后备母猪，年龄一般在 4 月龄到 10 月龄以内的猪。

（4）鉴定公猪组：指一周岁左右，开始参加配种的小公猪。

（5）鉴定母猪组：指一周岁左右产仔一胎的小母猪。

（6）基础母猪：指从 2 胎以上经生产性能鉴定合格的母猪群。

（7）育肥猪组：指专门用于生产肉猪的猪，一般包括专门育肥猪、淘汰的种猪或鉴定猪等,前者可分为保育猪(断乳后约 15 d 内的仔猪)、生长猪(约在 42 日龄~4 月龄的猪)和肥育猪(4 月龄至出栏阶段的猪)。

四、猪群结构确定的方法与步骤

确定猪群结构时,一般以基础母猪为基础,其他猪群均按一定的比值,用推算的方法进行制订,这种方法既简便又实用。

下面以年出售 1 000 头种用仔猪的良种繁殖场为例说明。

(1) 根据年生产任务和猪的有关生产性能等技术参数,确定基础母猪的头数。

在猪群中能生产仔猪的有鉴定母猪和基础母猪,但鉴定母猪生产的仔猪不宜作种用,因此这 1 000 头仔猪只能由基础母猪生产。按目前生产水平,基础母猪年产 2.2 胎,每胎产仔 10 头,仔猪哺乳期为 28 d,仔猪成活率为 90%;保育期为 42d,仔猪成活率为 95%;肥育期为 110 d,肥育期成活率 98%。则 1 000 头仔猪需饲养基础母猪头数为:10×95%×90%×2.2×X=1 000,得出 X=53 头。

(2) 根据基础母猪数量,确定鉴定母猪数。

鉴定母猪数为:53×30%=15.9 头

(3) 公猪与鉴定公猪数,采用本交的公母比例为 1:(20~25)。

公猪数为:53÷20=3 头,鉴定公猪数为 1 头,共 4 头。

(4) 确定育肥猪的头数。

每周产仔窝数为:53×2.2÷52=2.24(窝)

存栏哺乳仔猪数为:2.24×10×4=89.6(头)

存栏保育仔猪数为:2.24×10×90%×6=120.96(头)

(5) 全场饲养存栏猪数为:

53+15.9+4+89.6+120.96=284(头)

五、技能训练报告

按实验中的计算方法,制订在自然交配繁殖的情况下,年产 30 000 头肉猪的猪群结构表。

技能五　猪的活体测膘技术

一、目的与要求

膘厚是猪主要的经济性状之一，与瘦肉率呈负相关，且遗传力稳定。进行活体测膘方法简单，选择进展快，便于现场进行。目前有两种测膘法：一种为仪器活体测膘，另一种是用测膘尺进行测定。

二、设备和材料

活体测膘仪（PrEG-ALERT）、剪毛剪、70%酒精棉球、5%碘酒、测膘尺、计算器等。

三、技能训练内容与方法

1. 活体测膘仪（PrEG-ALERT）测定膘厚

（1）打开电源（PWR）开关，把机能选择钮（FU~NCTION）转到BF（BACKFAT），灵敏度钮（SENS）转到第二点，关掉音响开关（TONE）。

（2）测定位置在距背线 4~6 cm 的胸腰椎接合处。在测定处需加大量的油，以确保与猪体接触良好。

（3）为了较容易看清读数，必须调节灵敏度钮（SENS），使表示脂肪层的尖峰恰好达到刻度（在显示屏的下排刻度为背膘厚度的毫米数）。在显示屏上会出现两个较高的峰，表示两个背膘层的厚度，也可能出现第三峰紧靠第二峰的情况。

2. 活体测膘仪（PrEG-ALERT）测定眼肌厚度

（1）打开电源（PWR）开关，把机能选择钮（FU~NCTION）转到1，显示屏的上排刻度 0~200 mm 表示眼肌的厚度。灵敏度钮（SENS）顺时针转到第7点。

（2）测定位置在距背线 4~6 cm 的胸腰椎接合处。

（3）当读数在屏幕上显示时，必须从左到右寻找尖峰。例如屏上所示为 80 mm，背膘厚度为 19 mm，眼肌厚度为：80-19=61 mm=6.1 cm，表示为 6.1 平方英寸，即 39.35 cm^2。

3. 活体测膘尺测定

（1）保定。

将猪侧卧倒，此时从猪背侧一手按住两后肢，一手按住下侧前肢，用一膝轻压颈部即可。

（2）确定部位。

测定位置在距背线 4~6 cm 的胸腰椎接合处。

（3）剪毛、消毒、切开皮肤。

用剪毛剪剪去测定位猪毛后，再用 70% 酒精、5% 碘酒消毒，测膘尺用 70% 酒精消毒，垂直背线切开皮肤约 1 cm。

（4）插入测膘尺并读数。

测膘尺垂直插入并读数，然后再测出皮肤厚度，两次读数差值为膘厚，切口处再进行一次消毒。

4. 达 100 kg 时活体背膘厚校正方法

（1）原则。

受测猪在 80~105 kg 范围时称重（电子秤），记录日龄，并进行校正。

校正日龄=测定日龄-实测体重/CF，其中：

CF=（实测体重/测定日龄）×1.826 040（公猪）

CF=（实测体重/测定日龄）×1.714 615（母猪）

（2）100 kg 体重活体背膘厚。

在测定 100 kg 体重日龄时同时测定活体背膘厚，计算出平均背膘厚。对于同胞测定猪应在屠宰前进行活体测膘，便于宰后对照。测量部位及方法如下：

B 超：扫描测定倒数第 3~4 肋间处的背膘厚，以 mm 为单位。

A 超：测定胸腰结合部、腰荐结合部沿背中线 5 cm 处的 4 点膘厚，取平均值。然后按如下校正公式转换成达 100 kg 体重的活体背膘厚：

校正背膘厚=实测背膘厚×CF，其中，CF=A÷{A + [B×（实测体重-100）]}，其中 A 和 B 由下表 1-3 给出：

表 1-3

公猪		母猪	
A	B	A	B
12.402	0.106 530	13.706	0.119 624

技能六　猪的体尺测量和体重估计技术

一、目的与要求

　　猪的生长发育与生产性能有直接关系，提高猪的生长发育，能够使肥育期平均日增重加大，提高饲料报酬率。因此，通过体尺测量估计猪的生长发育是选种的主要依据，同时也为猪种普查及发育鉴定打下基础。

　　猪的体尺测量是外形鉴定的辅助方法，通过测量，更加准确地掌握猪的生长发育情况，为外形鉴定提供科学依据。

　　要求掌握猪的体尺测量内容和测量方法，并学会猪活体重的估测。

二、设备与材料

（1）不同生长阶段、不同体重、不同品种的猪若干头。
（2）皮尺、直尺、计算器、测杖（或活动标尺）、磅秤。

三、技能训练内容与方法

1. 猪的体尺测量（见图 1-6～1-8）

（1）选择地势平坦处，使猪保持正确姿势，测量时保持安静，切忌追赶鞭打，造成猪群紧张，头颈、四肢应保持平直站立姿势。

（2）体长：从两耳根中点连线的中部起，用卷尺沿背脊量到尾根的第一自然轮纹为止。

（3）体高：自鬐甲处至地面的垂直距离。用测杖的主尺放在猪左侧前肢附近，然后移动横尺紧贴鬐甲最高点，读主尺数即为体高。

（4）胸围：在肩胛骨后缘用皮尺测量胸部的垂直周径，松紧度以皮尺自然贴紧毛皮为宜。

（5）胸深：用测杖或活动标尺，上部卡于猪肩胛部后缘背线，下部卡于胸部，上下之间的垂直距离即胸深。

（6）胸宽：左右肩胛骨后缘切线间的宽度。将测杖倒转，拉开活动横尺，卡住左、右两肩胛后缘，中间的距离即胸宽。

（7）背高：背部最凹处到地面的垂直距离，用测杖量。

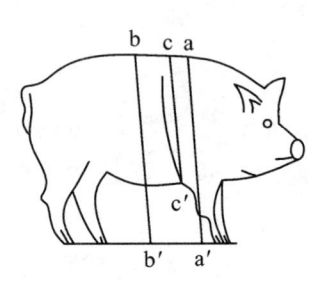 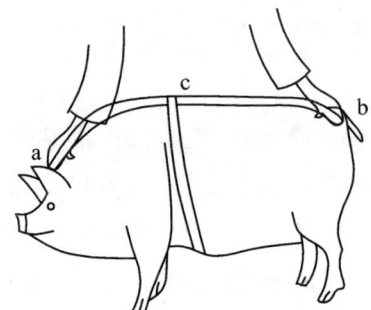 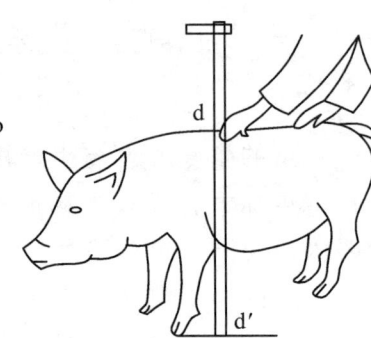

a-a′—体高；b-b′—背高；c-c′—胸深

图 1-6　猪体测量部位

a-b—体长；c—周圈测量胸围

图 1-7　用卷尺和周圈分别测量猪的体长和胸围

d-d′—体高

图 1-8　用测杖量猪的体高

2. 体重估计

（1）估计方法一。

$$猪的体重(kg) = \frac{胸围(cm) \times 体长}{142 或 156 或 162}$$

猪营养良好的用 142 除，营养中等的用 156 除，营养不良的用 162 除，一般有 5% 左右的误差。

（2）估计方法二。

$$猪的体重(kg) = \frac{[胸围(cm)]^2 \times 体长}{14\,400 或 15\,200}$$

四、技能训练报告

（1）每人操作 1~2 次测量体尺，熟悉其内容和方法。

（2）根据自己所测量的数据计算该头猪的体重。

技能七　猪的屠宰测定

一、目的与要求

（1）通过屠宰率、瘦肉率等的测定检验猪种选育和饲养效果。
（2）要求掌握屠宰测定的整个过程和方法。

二、设备与材料

待宰肉猪若干头、杆秤、皮尺、游标卡尺、硫酸纸、求积仪、钢直尺、各种屠宰用刀和钩、天平等。

三、技能训练内容与方法

（一）屠宰测定的条件

（1）屠宰测定的猪应空腹 24 h，次日早晨空腹称重，作为宰前活重。
空体重：宰前活重减去宰后胃肠道和膀胱的内容物重量（采用空体重无需停食）。烫毛水温应控制在 62～65 ℃，烫毛时间一般为 5～7 min。
（2）烫毛前不宜吹气，以免组织变形；刮毛速度要快，以免冷后难以褪毛。

（二）胴体重

肉猪经放血、褪毛、开膛除去板油和肾脏以外的全部内脏，去头（沿耳根后缘及下颌第一条自然横褶切离寰、枕关节）。去蹄（前肢断离腕掌关节，后肢在跗关节内侧断离第一间褶关节）和尾（紧贴肛门切断尾根）。开片成左右对称的胴体（背线切面要整齐），左右两片胴体之和（包括板油和肾）即为胴体重。

（三）屠宰率

屠宰率=胴体重÷宰前活重×100 或屠宰率=胴体重÷空体重×100
胴体长：用钢卷尺测量吊挂右胴。
胴体斜长：耻骨联合前缘至第一肋骨与胸骨结合处内缘的长度。
胴体直长：耻骨联合前缘至第一颈椎的凹陷处的长度。

（四）膘厚与皮厚

膘厚是指皮下脂肪的厚度。一般在第 6~7 胸椎相接处用游标卡尺测定皮肤厚度及皮下脂肪厚度。多点测膘以肩部最厚处、胸腰椎结合处和腰荐椎结合处三点的膘厚平均值为平均膘厚（采用时需加说明）。

（五）眼肌面积

在倒数第一和第二胸椎间背最长肌的横断面面积。先用硫酸纸描下横断面图形，用求积仪测量其面积，若无求积仪，可量出眼肌的高度和宽度，用下列公式估测：

眼肌面积（cm^2）=眼肌高度（cm）×眼肌宽度（cm）×0.7

（六）花板油比例

分别称量花油、板油的重量，并计算其各占胴体的比例。
花（板）油比例（%）=花（板）油重量÷胴体重×100

（七）瘦肉率

将去掉板油和肾脏的新鲜左胴体剖分为瘦肉、脂肪、骨、皮四部分，肌肉间的零星脂肪随瘦肉不剔除，皮肌随脂肪也不另剔除。作业损耗控制在 2% 以下，并计算百分比，瘦肉占这四种成分之和的比例即为瘦肉率。

瘦肉率（%）=瘦肉重量÷（骨重+瘦肉重+脂肪重+皮重）×100
肉脂比=瘦肉重量÷脂肪重量（以脂肪为基准所得的瘦肉对脂肪的比）

（八）腿臀比例

沿倒数第一和第二腰椎间（吊挂冷冻的胴体在腰荐椎结合处）的垂直线切下的左右腿重量（包括腰大肌），占胴体重量的比例。

腿臀比例（%）=左后腿重÷左胴体重×100

（九）腿瘦肉率

指前、后腿瘦肉重占宰前活重的百分数。计算公式如下：
腿瘦肉率（%）=2×（左胸前、后腿瘦肉重）÷宰前活重×100

（十）胴体分割与剥离

用左胴体除去板油、肾脏以及腰肌后，将其分为前、中、后三躯。前躯与中躯以6~7肋间为界垂直切下，前腿前端即屠宰测定去头部位，并将腕关节上方切去1~2 cm；后躯从倒数第一、第二腰椎处垂直切下，切前先将腰大肌，即柳梅肉分离加入后腿，并将跗关节上方切去2~3 cm。然后将各躯的骨、肉、皮、脂肪剥离并称重，分离时肌间脂肪算作瘦肉不另剔除，皮肌算作肥肉不剔出。

四、技能训练报告

完成屠宰记录表（见表1-4）。

表1-4 猪屠宰测定记录表　　　　　　　　　　单位：kg、cm

序号	项目	数据	序号	项目		数据
1	耳号		26	平均膘厚	肩部最厚处	
2	宰杀时间		27		胸腰椎结合处	
3	宰前活重		28		腰荐椎结合处	

续 表

序号	项目		数据	序号	项目		数据
4	胃、肠、花油、膀胱毛重			29	平均膘厚	三点平均值	
5	胃、肠、膀胱的净重			30	后腿比例		
6	胃肠内容物重			31	前后腿瘦肉重		
7	空体重			32	腿瘦肉率		
8	左胴体重			33	左前躯重		
9	右胴体重			34	前躯组分重	骨	
10	胴体总重			35		皮	
11	屠宰率	宰前活重		36		肉	
12		空体重		37		脂	
13	花油重			38	左中躯重		
14	板油重	左		39	前躯组分重	骨	
15		右		40		皮	
16	肾重	左		41		肉	
17		右		42		脂	
18	胴体长	斜长		43	左后躯重		
19		直长		44	后躯组分重	骨	
20	肋骨数			45		皮	
21	6~7胸椎间背膘厚			46		肉	
22	6~7胸椎间皮厚			47		脂	
23	眼肌	宽		48	胴体瘦肉率		
24		高		49	作业损耗		
25		面积		50			

测定人　　　　　　记录人　　　　　　测定日期

技能八　猪的人工采精与种公猪调教

一、目的与要求

人工采精和种公猪采精调教是种公猪饲养的必备技术之一，是猪人工授精的关键技术。人工采精一般将调教好的优良种公猪固定于假台畜上，拳握法采集公猪的精液。

本技能主要训练学生采精和种公猪调教能力，熟悉和掌握公猪的采精技术的要点。

二、设备与器材

假台畜、保温杯、消毒集精杯、玻璃棒、温度计、纱布（2~4层）、乳胶管、恒温箱、高压蒸气灭菌器、超声波洗净器、双蒸水器、冰箱、精液保存箱、恒温培养箱、干燥箱、集精杯。

三、技能训练内容与方法

1. 采精前的准备

（1）场地准备：采精室应该宽敞、平坦、安静、清洁，室内设有假台畜并有防滑护蹄措施。

（2）台畜准备：采精时用发情母猪做台畜，效果最好。应选择健康、体壮、大小适中、性情温驯或已有习惯做台畜的母猪，做采精用的台畜。采精前，台畜母猪的后躯，特别是尾根部、外阴部、肛门部应彻底洗涤清洁，再用干净的抹布擦干。

假台畜用木料或钢材做成，一般长 130 cm，高 50 cm，背宽 25 cm。如做成两端式，加上高低自动调节装置，就更为方便和实用。

（3）器械准备：将保温杯的保温套及消毒过的集精杯、玻璃棒、温度计、纱布

（2~4层）、乳胶管等放置于40 ℃的恒温箱中预热（夏天例外）。

（4）精液质量检测准备：显微镜要先调好焦距，镜检箱温度保持在35~37 ℃，载玻片和盖玻片应放在镜检箱内预热，镜检箱旁边放擦镜纸备用。

（5）稀释液准备：把配制好的稀释液放进水浴锅或恒温箱预热，稀释液的pH以6.5~6.8为宜。

（6）输精器械的准备：将精液分装瓶、输精器在采精前放在恒温箱里预热。

（7）人员准备：采精员、精液检验员、输精员，进行自身消毒，戴上乳胶手套。

（8）准备高压蒸气灭菌器、超声波洗净器、双蒸水器、冰箱、精液保存箱、恒温培养箱、干燥箱、集精杯、各种玻璃器皿、洗洁精、洗衣粉、电子天平、常用消毒药等。

（9）所有器皿应用洗洁精或洗衣粉清洗干净，再用蒸馏水漂洗，60 ℃干燥（玻璃用品干燥温度可高于100 ℃）后，以锡纸包扎器皿开口，玻璃器皿在180 ℃温度下进行1 h干热灭菌，非耐热器皿、用具以高压灭菌器在121 ℃下进行20 min湿热灭菌；显微镜、干燥箱、水浴锅、17 ℃精液保存箱、冰箱、37 ℃恒温板、电子天平等，必须保持清洁卫生，显微镜镜头（目镜和物镜），应每2周用二甲苯浸泡一次，保持清洁。

2. 采精方法

（1）饲养员将待采精的公猪赶至采精栏，用0.1%高锰酸钾溶液清洗其腹部和包皮，再用温水（夏天用自来水）清洗干净，避免药物残留对精子的伤害。

（2）采精员一手戴双层手套，另一手持37 ℃集精杯用于收集精液。

（3）采精员挤出公猪包皮积尿，按摩公猪包皮部，刺激其爬跨假台畜。

（4）公猪爬跨假台畜并逐步伸出阴茎，脱去外层手套，将公猪阴茎龟头导入空拳。

（5）用手抓住阴茎，拳握成漏斗状（大拇指与龟头相反方向），小指和无名指紧握伸出的公猪阴茎龟头螺旋状部，其余三指握在上部，可稍松一点，龟头应在拳心外0.5~1 cm，顺其向前冲力将阴茎的"S"状弯曲拉直，握紧阴茎龟头防止其旋转，公猪即可射精。人身蹲立的姿势以便于采精为宜，一般右手采精右脚在前，左手采精左脚在前，与公猪体向后成300°角。

（6）用三层纱布过滤收集浓份精液于集精杯内，最初射出的少量精液含精子很少，可以不必接取，有些公猪分2~3个阶段将浓份精液射出，直到公猪射精完毕，以公猪阴茎自动缩回为采精结束的标志，射精过程历时5~7 min。采精结束后，立即去掉过滤纱布及胶状物，送检验室。

3. 注意事项

（1）采精员应注意安全，一旦公猪出现攻击行为，采精员应立刻逃至安全处。

(2)采精结束后,彻底清洗采精栏。

(3)采精期间保持安静,禁止呵斥或殴打公猪,防止出现性抑制。

(4)采精频率:成年公猪每周2次,青年公猪(1岁左右)每周1次。最好固定每头公猪的采精频率。

(5)在锁定龟头时,食指和拇指不要用力,因为这样可能会握住阴茎的体部,使公猪感到不适。

(6)手握龟头的力量应适当,不可过紧也不可过松,以有利于公猪射精和不使公猪龟头转动为度,不同的公猪对握力要求不同。

(7)即使不收集最后射出的精液,也应让公猪的射精过程完整,不能过早中止采精。

(8)夏天采精应在气温凉爽时进行,如果气温很高,应先给公猪冲凉,半小时后再采精。

4. 公猪采精调教

(1)后备公猪7月龄开始进行采精调教。

(2)每次调教时间不超过 15 min。

(3)一旦采精获得成功,分别在第2、3 d再采精1次,以便形成稳定的条件反射。

(4)采精调教可采用发情母猪诱导、观摩有经验公猪采精、以发情母猪分泌物刺激等方法。

(5)调教公猪要有耐心,不准打骂公猪。

(6)注意公猪和调教人员的安全。

技能九　精液品质的检查

一、目的与要求

良好的精液品质是保障母猪妊娠率、高产仔数的重要因素之一。因此，人工采精后对精液品质进行检查，能够从源头保证母猪配种和妊娠效率。

本技能内容旨在训练学生对精液品质衡量指标和检查的能力。

二、设备与材料

恒温箱、高压蒸气灭菌器、超声波洗净器、双蒸水器、冰箱、精液保存箱、恒温培养箱、干燥箱、集精杯。

三、技能训练内容与方法

1. 一般性状的检查

（1）精液量。

以电子天平称量精液，按每克 1 mL 计，避免以量筒等转移精液盛放容器的方法测量精液体积。

（2）颜色。

正常的精液是乳白色或浅灰白，精子密度越高，色泽愈浓，其透明度愈低。如带有绿色或黄色，是混有脓液或尿液；若带有淡红色或红褐色，是含有血液。这样的精液应舍弃不用，并应会同兽医寻找原因。

（3）气味。

猪精液略带腥味，如有异常气味，应废弃。

（4）pH（酸碱度）。

以 pH 计测量（pH 计使用见说明书）。

2. 精子活率检查

活率是指呈直线运动的精子百分率，在 38~40 ℃ 的温度下，用显微镜放大 400 倍观察精子活率，一般按 0.1~1.0 的十级评分法进行，100% 精子呈直线运动的评为 1.0；90% 精子呈直线运动的评为 0.9，以此类推。鲜精活率要求不低于 0.7。

（1）平板压片法。

在玻片上放一滴精液，然后用盖玻片均匀盖着整个液面，做成压片进行检查。

（2）悬滴检查法。

在盖玻片上放一滴精液，然后在凹玻片的凹窝中做成悬滴检查标本。

3. 精子密度

指 1 mL 精液中所含的精子数，是确定稀释倍数的重要指标。一般采用血细胞计数板进行计数或精液密度仪测定。精液密度仪使用方法参考相关说明书，本部分就简便常用的血细胞计数板计数方法进行讲解。

（1）取具有代表性原精液 100 μL，3% NaCl 900 μL，混匀，使之稀释 10 倍。

（2）在血细胞计数室上放一盖玻片，取 1 滴上述精液放入计数板的槽中，靠虹吸将精液吸入计数室内。

（3）在高倍镜下计数 5 个中方格内的精子总数，将该数乘以 50 万，即得原精液每毫升的精子数（即精液密度）。

4. 精子畸形率

精子畸形率是指异常精子的百分率，是衡量精液质量的重要指标。猪新鲜精液精子畸形率要求不得超过 18%。其测定可用普通显微镜，但需伊红或姬姆沙染色，相差显微镜可直接观察活精子的畸形率。公猪使用过频或高温环境会出现精子尾部带有原生质滴的畸形精子；畸形精子种类很多，如：巨型精子、短小精子、双头或双尾精子、顶体膨胀或脱落、精子头部残缺或与尾部分离、尾部变曲。要求每头公猪每两周检查一次精子畸形率。

5. 注意与要求

（1）采精后要迅速将待检精液置于 30~35 ℃ 的恒温水浴中。

（2）精液品质检查过程要迅速，精液取样要有代表性。

（3）检查过程不应使精液品质受到危害，如蘸取精液的玻璃棒等用具，必须是消毒无菌的，但不能残留消毒药品。

（4）检查结束后做好精液品质检查登记表，实事求是地填写种公猪健康状况登记表，从而真实地反映种公猪的健康状况。

技能十 精液的稀释

一、目的与要求

精液稀释能够延长精液的保存时间、提高受精率。最为重要的是能够在保证受精效率的前提下增大精液容量，增加母猪授精头数。

二、设备与材料

恒温箱、高压蒸气灭菌器、超声波洗净器、双蒸水器、冰箱、精液保存箱、恒温培养箱、干燥箱、烧杯及相关试剂。

三、技能训练内容与方法

1. 稀释液配方（见表1-5）

表1-5 低温（5~10℃）保存稀释液配方

成 分	葡萄糖、柠檬酸钠、卵黄液	葡萄糖、卵黄液	牛奶液	葡萄糖、柠檬酸钠、牛奶液	蜜糖、牛奶、卵黄液
基础液					
二水柠檬酸钠（g）	0.5			0.5	
葡萄糖（g）	5	5		0.5	
牛奶（mL）			100	75	72
蜜糖（mL）					8
蒸馏水稀释液（mL）	100	100		25	
基础液（%）	97	80	100	100	80
卵黄（%）	3	20			20
青霉素（IU/mL）	1 000	1 000	1 000	1 000	1 000
双氢链霉素（μg/mL）	1 000	1 000	1 000	1 000	1 000

2. 稀释液配制过程及要求

（1）配制稀释液的药品要求选用分析纯试剂，对含有结晶水的试剂要按摩尔浓度进行换算（如含水葡萄糖和无水葡萄糖）。

（2）按稀释液配方，用称量纸、电子天平准确称量药品。

（3）按 1 000 mL、2 000 mL 剂量称量稀释粉，置于密封袋中。

（4）使用前将称量好的稀释粉溶于定量的双蒸水中，可用磁力搅拌器助其溶解。

（5）用滤纸过滤，以尽可能除去杂质。

（6）用 1 mol/L 稀盐酸和 1 mol/L 氢氧化钠调整 BTS 稀释液的 pH 为 7.2（6.8~7.4）左右，渗透压为 330 mOsm；稀释液配好，应及时贴上标签，标明品名、配制日期和时间、经手人等。

（7）要认真检查已配制好的稀释液成品，发现问题及时纠正。

（8）液态状稀释液放于冰箱中 4 ℃ 保存，不超过 24 h，超过有效储存期的变质稀释液应废弃。常温下（15~20 ℃）保存稀释液配方如表 1-6 所示。

表 1-6 常温（15~20 ℃）保存稀释液配方

成分	葡萄糖液	葡萄糖、柠檬酸钠液	氨基乙酸、卵黄液	葡萄糖、柠檬酸钠、乙二胺四乙酸	蔗糖、奶粉液	英国变温稀释液（IVT）	葡萄糖、碳酸氢钠、卵黄液
基础液							
二水柠檬酸钠（g）		0.5		0.3		2	
碳酸氢钠（g）						0.21	0.21
氯化钾（g）		5				0.04	
葡萄糖（g）	6			5		0.3	4.29
蔗糖（g）					6		
氨基乙酸（g）			3				
乙二胺四乙酸（g）				0.1			
奶粉（g）					5		
氨苯磺胺（g）						0.3	
蒸馏水（mL）	100	100	100	100	100	100	100
基础液（%）	100	100	70	95	96	100	80
卵黄（%）			30	5			20
10%安钠加（%）					4		
青霉素（IU/mL）	1 000	1 000	1 000	1 000	1 000	1 000	1 000
双氢链霉素（μg/mL）	1 000	1 000	1 000	1 000	1 000	1 000	1 000

3. 稀释倍数的确定

（1）活率≥0.7 的精液，一般按每个输精剂量含 40 亿个总精子，输精量为 80～90 mL 确定稀释倍数。例如：某头公猪一次采精量是 200 mL，活力为 0.8，密度为 2 亿/mL，要求每个输精剂量含 40 亿精子，输精量为 80 mL，则总精子数为：200 mL×2 亿/mL=400 亿，输精头份为：400 亿÷40 亿/份=10 份，加入稀释液的量为：10×80 mL-200 mL=600 mL。

（2）如作高倍稀释时，应进行低倍稀释（1:1～2），稍待片刻后再将余下的稀释液沿壁缓慢加入，以防造成"稀释打击"。

4. 精液稀释方法与要求

（1）精液采集后应尽快稀释，原精储存不超过 30 min。

（2）未经品质检查或检查不合格（活力在 0.7 以下）的精液不能稀释。

（3）稀释液与精液要求等温稀释，两者温差不超过 1 ℃。一般稀释液应加热至 33～37 ℃，并以精液温度为标准来调节稀释液的温度，绝不能反过来操作。

（4）稀释时，将稀释液沿盛精液的杯（瓶）壁缓慢加入到精液中，然后轻轻摇动或用消毒玻璃棒搅拌，使之混合均匀。

（5）稀释后静置 10 min 后再做一次精子活力检查，如果稀释前后活力一致，可进行分装与保存，否则弃用。

5. 分装与保存

（1）精液稀释后，检查精液活率，若无明显下降，按每头份 80～90 mL 分装。

（2）瓶上加盖密封，并在输精瓶上写清楚公猪的品种、耳号以及采精日期（月、日、时）。

（3）置于 22～25 ℃ 的室温 1 h 后（或用几层毛巾包被好后）直接放置于 17 ℃ 冰箱中。

技能十一　猪的发情鉴定与输精

一、目的与要求

在猪的繁殖工作中,发情鉴定是人工授精技术的重要环节,是提高受配率和受胎率的关键措施之一。母猪性成熟以后,卵巢中规律性地进行着卵泡成熟和排卵过程,并有周期性地重演。通过发情鉴定,可以判断母猪是否发情以及发情是否正常,以便发现问题,及时进行解决;可以判断确定母猪发情阶段,以选择配种的最佳时间,提高受胎率。

二、设备与材料

酒精棉球、高锰酸钾、猪用一次性输精管。

三、技能训练内容与方法

1. 猪的发情规律

母猪在刚达到性成熟时,发情不太规律,经3次发情后,就比较有规律了。

(1) 发情周期。

母猪一般每18~23 d发情一次,平均21 d。地方品种一般为18~19 d,杂种为19~20 d,国外品种如约克夏为20~30 d,不同品种间存有差异。

(2) 发情持续期。

为2~5 d,平均2.5 d,发情持续期一般春季短,秋季和冬季长,国外引入品种短,我国地方品种长,老年母猪短,青年母猪长。

(3) 产后发情。

生产中母猪在哺乳期间即使发情也不配种,一般断奶后,多数母猪在3~10 d内发情,平均为1周左右。

（4）假发情。

正常情况下怀孕后不再发情，但个别母猪受胎后第一个发情周期的头一二天内，表现轻微发情症状，称为假发情。

2. 发情鉴定——外部观察法

（1）外阴部红肿有光泽，阴道黏膜充血，有的还分泌少量黏液。

（2）在生产中主要观察母猪外阴部是否红肿、肛门附近粪尿多少、爬墙或爬门等。

（3）站立反应：处于发情期母猪在按压背部时，表现静立不动。

3. 适时配种鉴定

（1）根据发情排卵规律判断。

精子在母猪生殖道内能存活 20~30 h，卵子在输卵管内能存活 6~18 h，公猪配种时排出的精液要经 2 h 左右才能到达受精部位。那么适宜配种时间应在母猪开始排卵前的 2~4 h，即母猪发情开始后的 22~34 h 或 20~32 h。

（2）根据生产经验判断。

技术人员用手压母猪背部或臀部，母猪呆立不动，或用拭情公猪爬跨母猪，母猪呆立不动，即为配种适期，有 30%~40% 的母猪纯净情期内对人手压背并无反应。因此，必须将人手压背和公猪爬跨结合起来。

（3）根据品种、年龄不同判断。

一般老龄猪在发情的当天配，中年母猪在发情的第 2 d 配，小母猪在发情后的第 3 d 配。我国地方品种在发情后 2~3 d 配，培育品种在发情后 2 d 配，杂种猪在发情后第 2 d 下午到第 3 d 上午配，国外引入品种可在发情后第 3~4 d 配。

4. 输精要求

（1）输精次数：① 第 1 次自然交配，第 2、3 次人工授精；② 2 次人工授精；③ 3 次人工授精。

（2）输精时间：① 断奶后 3~6 d 发情的经产母猪，发情出现站立反应后 6~12 h 进行第 1 次输精配种；② 后备母猪和断奶后 7 d 以上发情的经产母猪，发情出现站立反应，就进行配种（输精）。

（3）精液检查：从 17 ℃ 保存箱取出的精液，轻轻摇匀，用已灭菌的滴管取 1 滴放于预热的载玻片，置于 37 ℃ 的恒温板上片刻，用显微镜检查活力，精液活力≥0.7，才可进行输精。

（4）从 17 ℃ 精液保存箱中取出的精液，无需升温至 37 ℃，摇匀后可直接输精，但检查精液活力需将玻片预热至 37 ℃。

（5）经产母猪用一次性海绵头输精管，输精前检查海绵头是否松动；后备母猪用一次性螺旋头输精管。为防止子宫炎发生，每头母猪每次输精都应使用一条新的输精管。

（6）每头母猪在一个发情期内要求至少输精两次，最好三次，两次输精时间间隔 8 h 左右。

5. 输精操作

（1）将试情公猪赶至待配母猪栏之前，使母猪在输精时与公猪口鼻部接触。

（2）输精人员消毒清洁双手。

（3）用 0.1% 高锰酸钾水溶液清洁母猪外阴、尾根及臀部周围，再用温水浸湿毛巾，擦干外阴部。

（4）从密封袋中取出未受任何污染的一次性输精管（手不应接触输精管前 2/3 部分），在其前端涂上精液作为润滑液。

（5）将输精管 45 度角向上插入母猪生殖道内，输精管进入 3~4 cm 之后，顺时针旋转，当感觉有阻力时，继续缓慢旋转同时前后移动，直到感觉输精管前端被锁定（轻轻回拉不动），并且确认真正被子宫颈锁定。

（6）从精液储存箱中取出品质合格的精液，确认公猪品种、耳号。

（7）缓慢颠倒摇匀精液，用剪刀剪去瓶嘴，接到输精管上，开始进行输精。

（8）用针头在输精瓶底部扎一个小孔，抚摸母猪的乳房或外阴，压背刺激母猪，使其子宫收缩产生负压，将精液吸纳；输精时勿将精液挤入母猪生殖道内，防止精液倒流。

（9）控制输精瓶的高低来调节输精时间，输精时间要求 3~5 min，输完一头母猪后，应在防止空气进入母猪生殖道的情况下，把输精管后端一小段折起，放在输精瓶中，使其滞留在生殖道内 3~5 min，让输精管慢慢滑落。

（10）认真登记母猪生产卡、配种记录。

四、技能训练报告

填写母猪发情变化记录表（见表 1-7），小组间互相讨论并写出心得体会。

表 1-7 母猪发情变化记录表

母猪号	发情时间	外部表现	备注

技能十二　　母猪的妊娠诊断

母猪妊娠诊断是猪群繁殖工作中的一项重要技术措施，配种后经过一个发情周期的时间，如能尽早做出妊娠诊断，有利于保胎、减少空怀，及早采取措施，促进胎儿发育，维持母猪健康，避免流产，这对提高母猪的繁殖率至关重要。

一、外部观察法

1. 观察外部表现

发情周期停止，食欲增加，增膘迅速，皮毛光亮，疲倦贪睡，性情温顺，行为谨慎。尾巴下垂，阴门收缩，阴门下角向上方弯曲，2个月后，腹围增大，下腹突出，乳房发育。

2. 观察阴道黏膜变化

妊娠3周后，阴道黏膜由未孕时的淡粉红色变为苍白色，没有光泽，表面干燥，阴道收缩变紧。阴道前端黏膜上皮细胞层经镜检只有2~3层。超过3层定为未孕。

3. 触诊

抓痒令其卧下，然后用一只手或两只手在最后两对乳房上方的腹壁处前后滑动，触摸是否有硬物。

二、诱导发情法

母猪配种后14~40 d，肌肉注射700~800 IU马绒毛膜促性腺激素（eCG，或称孕马血清促性腺激素：PMSG）；或者注射400 IU eCG+200 IU 人绒毛膜促性腺激素（hCG）。或者在配种后的17~21 d肌肉注射4 mg苯甲酸雌二醇；或者注射2 mL 三合激素（内含25 mg孕酮、3 mg苯甲酸雌二醇、50 mg丙酸睾酮）。在做如上处理过后3~5 d内，未出现正常发情又不接受公猪交配，就可以确定为怀孕；如果母猪出现正常的发情表现并接受公猪交配,即确定为未孕。

三、尿中雌激素化学诊断法

取母猪尿液 15 mL 放入大试管中,加浓硫酸 3 mL 或盐酸 5 mL,加温到 100 ℃,保持 10 min,冷却到室温,加入 18 mL 苯,加塞后振荡,分离出雌激素层,然后加 10 mL 浓硫酸,再加塞振荡,并加热到 80 ℃,保持 25 min,在日光或紫外线灯下观察,若在硫酸层出现荧光则为妊娠。

四、超声波妊娠诊断仪诊断法

利用超声波感应效果测定胎儿心跳数,从而进行妊娠早期诊断。一般母猪配种后 20~29 d 诊断的准确率为 80%,40 d 后的准确率为 100%。超声波胎儿心跳测定仪由主机和探触器组成,将探触器贴在猪腹部(右侧倒数第二个乳头)体表发射超声波(见图 1-9),根据胎儿心跳感应信号,或脐带多普勒信号音从而判断是否妊娠。

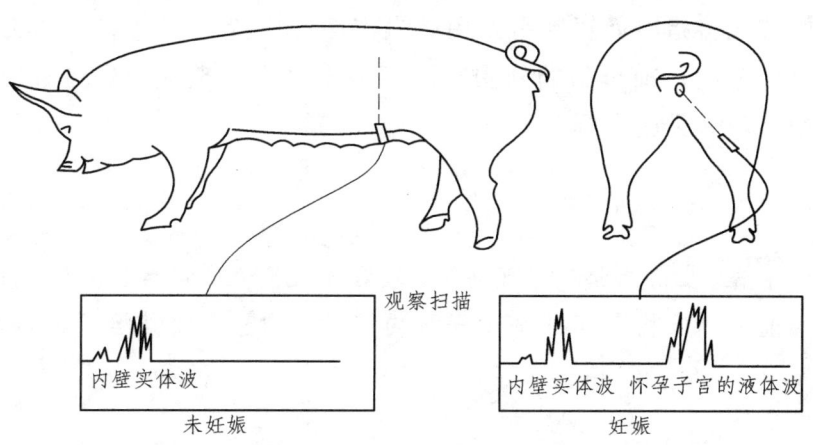

图 1-9　超声波妊娠诊断

技能十三　接产与初生仔猪的护理

接产与初生仔猪的护理，是维护母猪繁殖力和保证幼崽成活的关键工作，是提高仔猪成活率、保证母猪安全分娩的重要措施之一。根据配种记录对妊娠母猪做好接产准备，对初生仔猪做好护理准备。分娩过程中部分母猪由于分娩无力或紧张、产道狭窄、胎儿过大或畸形、胎位不正等原因也易造成难产；仔猪出生后全身及口鼻中全是黏液，脐带过长，如不及时清除黏液、剪短脐带，容易造成仔猪受冻、窒息、感染死亡。因此，科学接产是提高仔猪成活率、保证母猪安全分娩的重要措施之一。

一、接产前准备

1. 人员准备

接产员应首先将指甲剪短磨平，用肥皂洗净并用 2%~3% 的来苏儿消毒双手。应用高锰酸钾溶液给产前母猪的外阴和乳房擦洗消毒。整个产仔过程应保持安静。母猪产仔过程接产人员应在场。

2. 产房准备

要求产栏干燥、安静舒适、空气新鲜，最好阳光充足，同时温度应保持 22~25 ℃左右。母猪产前一周应将产房冲洗干净，再用 2% 的氢氧化钠溶液消毒后冲洗干净。

3. 母猪准备

对于膘情和乳房发育良好的母猪，产前 3~5 d 应减料，逐渐减到妊娠后期的二分之一或三分之一，并停喂青绿多汁饲料。对于那些膘情和乳房发育不好的母猪，产前不但不应减料，而且还要适当增料。产前 3~7 d 应停止驱赶运动，可让其在圈内自由运动。对产前母猪用温水抹洗腹部、乳房、阴门，洗净后用来苏儿或高锰酸钾液洗刷。

4. 用具、药品准备

准备接产箱、抹布、扎线、5% 的碘酒、2%~3% 的来苏儿、高锰酸钾、保温箱、红外线保温灯（或普通白炽灯泡）等。

二、分娩母猪接产

1. 撕破胎衣

如果胎儿包在胎衣内一起产出，应马上撕破胎衣，再抢救仔猪。

2. 擦净黏液

仔猪产出后一手托住其背部，一手将脐带缓缓拉出，立即用干净柔软的毛巾先清除口鼻腔的黏液，使呼吸畅通，再擦干身上的羊水，防止受冻。

3. 断脐

将脐带内的血液向仔猪腹部挤压，在离腹部 4~5 cm 处用手将脐带捏断，断处用酒精消毒，若断脐时流血较多，可用棉线将脐带根部扎紧。

4. 助产

（1）对初产母猪过肥、仔猪过大造成难产，应及时助产。助产时应待仔猪前肢和头露出产道后，随母猪的努责将其拉出产道。

（2）对生殖道畸形造成初产母猪难产的，一般不采用剖腹产，应探明畸形的具体情况，据此引导仔猪产出。

（3）胎势不正的难产，先将仔猪送回子宫摆正其胎势（正生时两前肢向前伸直，头紧靠前肢上）就能产出。

（4）母猪频频努责仍产不出仔猪时应实施助产。接产员要修剪手指甲并磨平，洗净后用酒精或高锰酸钾溶液消毒手掌、手臂并涂上石蜡油或中性皂液，用指并拢，随着母猪的努责渐渐深入产道，进到 30~40 cm 处可触到胎儿，确认胎儿的大小、体位，夹住头或腿随母猪的努责轻轻拉出，拉出一头仔猪后如转为正常分娩，就不需要再继续助产，人工助产后母猪要注射抗菌素以防感染。

（5）当母猪产程过长或年老体弱，努责无力，可注射合成催产素，也可辅以人工助产。另外，腹部按摩、放仔哺乳也有一定的催产效果。

5. 称重、打耳号、吃初乳、登记分娩卡

最后称重、打耳号、剪牙、断尾，用剪牙剪剪去仔猪的犬牙，在牙基上点些链霉素粉。断尾时，留 3 cm 左右的尾长，用断尾剪压断尾骨，其皮相连，几日后，需断掉的尾部即会自行脱落。待上述工作做完，将母猪乳头用 2% 高锰酸钾溶液消毒擦净，帮助仔猪吃初乳，并完整填写分娩卡。

6. 产后母猪处理

产仔结束后，用来苏儿或高锰酸钾水擦洗母猪阴户和乳房，喂给温麸皮盐水，为防其感染，最好注射抗菌素一次，如青霉素、链霉素、长效土霉素等。同时换干净垫草。

三、初生仔猪护理

1. 早吃初乳

对性情较好或已进入产程后期的母猪可以随产随给仔猪哺乳。采用护仔箱接产仔猪，吃初乳最晚不得超过出生后 1~2 h。吃初乳前应用手挤压各乳头，弃去最初挤出的乳汁。检查乳量、浓度，以及各乳头的乳空数目，以便确定有效乳头数和适当的带仔数，并用 0.1% 高锰酸钾水清洗乳房，然后给仔猪吮吸。对弱仔可用人工辅助吃 1~2 次的初乳。

2. 匀窝寄养

对多产或无乳仔猪采取匀窝寄养，应做到以下几点：
（1）乳母要选择性情温顺、泌乳量多、母性好的母猪。
（2）养仔应吃足半天以上初乳，以增强抗病力。
（3）两头母猪分娩日期相近（2~3 d 内）。两窝仔猪体重大小相似。
（4）隔离母仔使生仔与养仔气味混淆。使乳母胀奶，养仔饥饿，促使母仔亲和。
（5）避免病猪寄养，秧及全窝。

3. 剪齿

仔猪出生时已有末端尖锐的上下第三门齿与犬齿 3 枚。在仔猪相互争抢固定乳头过程中会伤及面颊及母猪乳头，使母猪不让仔猪吸乳。剪齿可与称重、打耳号同时进行。方法是用左手抓住仔猪头部后方，以拇指及食指捏住口角将口腔打开，用剪齿钳从根部剪平即可。

4. 保育间培育训练

为保温、防压可在仔猪补饲栏一角,设保育间,留有仔猪出入孔,内铺软干草。用 150~250 W 红外灯,吊在距仔猪躺卧处 40~50 cm 处,可保持猪床温度在 30 ℃ 左右。仔猪出生后即放入取暖、休息。随后放出哺乳,经 2~3 d 训练,即可养成自由出入的习惯。

5. 母猪初产护理

为保温与防便秘,产后母猪第一次可喂给加盐小麦麸汤。分娩后 2~3 d 喂料不能过多,应喂一些易消化的稀粥状饲料。经 5~7 d 后才按哺乳母猪标准喂给,并随时注意母猪的呼吸、体温、排泄和乳房的状况。

四、技能训练报告

小组间互相讨论及写出心得体会。

技能十四　仔猪阉割术

摘除或破坏公猪睾丸、母猪卵巢统称为阉割术。公猪的阉割又称为去势。猪阉割后性情变得温顺，采食量增加，生长发育加快，日增重、饲料利用率提高，肉脂无异味。三元杂交商品猪因生长周期较短、性成熟较晚，小母猪一般不进行阉割，仅对小公猪进行去势。

一、小公猪去势

1. 保定

仔猪倒悬垂保定，可采用助手双手倒提小公猪后腿或采用简单倒挂装置保定。

2. 消毒

阴囊涂碘后进行脱碘。

3. 固定睾丸

左手掌外缘将猪的右后肢压向前方，中指屈曲压在阴囊颈前部，同时用拇指及食指将睾丸固定在阴囊内，使睾丸纵轴与阴囊纵缝平行。

4. 切开阴囊及总鞘膜

左手执刀，切开阴囊及总鞘膜露出睾丸，切断鞘膜韧带露出精索。

5. 摘除睾丸

左手固定精索，右手将睾丸精索牵断，将睾丸除去，按压止血后，创口涂碘酊消毒。

二、隐睾猪去势

（1）保定：倒卧保定，隐睾侧朝上。

（2）术部：髋结节前下方 5~10 cm 处。

（3）消毒：剪毛后用碘酊消毒，最后脱碘。

（4）切开：切开皮肤，食、中二指挫破腹肌及腹膜，伸入腹腔探摸，摸到卵圆形游动的硬固物就是睾丸，用手指将睾丸拉出创口之外，用丝线结扎精索，切除睾丸。

（5）闭合腹壁：缝合腹膜后，结节缝合腹壁肌肉及皮肤，创口涂碘。

第二篇　现代化猪场经营管理技能

技能一　现代化猪场规划与建设

一、猪场选址原则

猪场建设地应远离村镇、交通要道、其他畜牧场 3 km 以上，远离屠宰场、化工厂及其他污染源。向阳避风、地势高燥、通风良好、水电充足（万头猪场日用水量约 100~150 t）、水质好、排水方便、交通较方便。最好配套有鱼塘、果林或耕地。

二、猪场布局

猪场布局一般应包括生活管理区、生产配套区（饲料车间、仓库、兽医室、更衣室等）、生产区和种猪运动区；生产区应包含繁殖、保育、育肥区，每区应相距 10 m 以上；配种舍、怀孕舍、保育舍、生长舍、育肥（或育成）舍、装猪台建设，应按从上风向下风方向排列。配种舍要设有运动场。各区域及猪舍之间均应有绿化隔离带。

三、防疫环境与生物安全

猪场大门需设消毒池并配备消毒机，车辆要消毒；设人员消毒通道，进入人员登记消毒；猪场周围禁止放牧，协助当地周围村镇的免疫工作；最好设围墙、防疫沟及防疫林。

四、粪尿处理与环保

建场前要了解当地政府 30 年内的土地规划及环保规划、相关政策，因地制宜配套建设排污系统工程，特别应注意沼气配套工程的建设。

五、猪场各类猪舍设计原则

产房、保育舍按生产节律分单元全进全出设计；猪栏规格与数量的计算，产房两栏对应保育一栏，保育与育肥栏一一对应；先设计好生产指标、生产流程，然后再设计猪舍、猪栏。

技能二 猪舍常用设施及维修

一、猪场常用设施

为了提高专业户养猪场的生产效率和便于养猪生产操作,养猪场应按照猪的生理生长的规律,对所采用的主要设备的基本要求、选材、规格、制造及安装要求有所了解。随着科学技术的发展,工厂化养猪设备得到不断改进和完善,由于各地的实际情况和环境气候等的不同,对设备的规格、型号、选材等也应有所不同,在使用过程中不必强求一致。猪场常用设施及设备如表 2-1 所示。

表 2-1 猪场建设常用设施与设备

名称	规格	备注
无动力屋面通风器	$\phi 500$	不锈钢材质、彩钢板材质
排气扇		36 寸($200 \text{ m}^3/\text{min}$)、48 寸($500 \text{ m}^3/\text{min}$)
复合材料漏粪地板		或塑料漏粪地板、铸铁漏粪地板
固液分离机	LE-120	滤水免动力,无机械故障,滤网免工具可反转拆洗
喷雾降温笼头		塑料材质,间隔 3m 安装 1 个,常压即可
配种母猪单体栏	2.1 m×0.6 m	含饮水器
母猪小群栏	3.0 m×2.0 m×1.0 m	含饮水器
公猪栏	3.0 m×2.4 m×1.2 m	含饮水器
高床分娩栏	2.1 m×1.7 m 或 2.1 m×1.8 m	底部全部为复合材料地板(铸铁板、塑料板)、限位架、水泥保温箱、加热器、围栏、母猪食槽、仔猪食槽、饮水器、支脚
高床保育栏	2.1 m×1.7 m 2.1 m×1.8 m	底部全部为复合材料漏粪地板、铸铁地板或钢编网地板、双面料槽、围栏、饮水器、支脚
双电路玻璃钢电热板		双电路,可调温开关,250W
仔猪玻璃钢保温箱		带有机玻璃观察口
仔猪水泥保温箱		水泥箱内带木板
母猪铸铁食槽	0.43 m×0.36 m×0.36 m	含铸铁挡料板
仔猪钢板补料槽	0.33 m×0.13 m×0.09 m	长方形 3 孔食位
单面育肥猪落料槽	1.0 m×0.44 m×0.81 m	水泥底钢板槽、铸铁底钢板槽,4 孔

续表

名称	规格	备注
双面育肥猪落料槽	1.0 m×0.67 m×0.81 m	水泥底钢板槽，共8孔
圆形食槽	35/50/100/150 kg	圆形铸铁底、不锈钢圆形料箱，出料量可调节
双面保育猪落料槽	0.61 m×0.7 m×0.45 m	铸铁底钢板槽，共8孔
单面保育猪落料槽	0.61 m×0.7 m×0.3 m	钢板槽，共4孔
磁条板加热器	250W	使用寿命长，保温效果好
清洗消毒车		清洗、消毒、喷雾
仔猪转运车		转群专用
饲料车、粪车		上料专用、运粪专用
耳标钳、耳号牌	普通/进口	喷塑
温度计		干湿温度计和常规温度计
饮水器	鸭嘴式饮水器	铸铜制/铜棒制、不锈钢
	碗式饮水器	铸铁（深式/浅式）

二、常用设备要求及维修

1. 喂料设备

母猪料槽为内径30 cm半圆形的水泥或PVC槽，料槽应能装不少于3 kg的饲料。公猪料槽为宽30 cm*长35 cm的不锈钢半圆形槽，容量不少于3 kg。

2. 种猪限围栏

在怀孕舍和育肥舍一般采用水泥食槽喂料比较好（不主张撒在地面）。为了防止猪进入食槽，可采用弯成"「"钢筋嵌入食槽上方，将食槽分割成宽度不低于30 cm的单个喂料槽。

3. 给水设备与标准

每头猪每天应给水12~18 L（平均15 L），饮水器的流量应为1.5 L，水中细菌数不大于30万/mL，酸碱度以6~8为好。

4. 饮水设备

鸭嘴式饮水器，10~15头猪一个（至少每栏2个），保育舍高度分别为30 cm和

35 cm（杯式饮水器高度为 15 cm），育成舍高度分别为 45 cm 和 60 cm，倾斜 45 °C。

5. 设备保养与维修

排气扇应每周除尘和蜘蛛网一次；每月注射黄油一次；每周检查皮带松紧及是否损坏一次。

水泵定期检查，每周清洁水池及周围一次；每周检查渗漏和破损一次。

每月检查一次相关电器接触口松紧，看是否冒火或烧坏；发现异常声音，立即报电工维修；每个电器应有用途标识。

技能三 猪场生产指标、生产计划与生产流程

一、猪场生产指标与生产计划

目前先进的规模化猪场,生产线均实行均衡流水作业式的生产方式,采用先进饲养工艺和技术,其设计的生产性能参数一般选择为:平均每头母猪年生产2.2窝,提供20.0头以上肉猪,母猪利用期平均为三年,年淘汰更新率30%左右。肉猪达90~100 kg体重的日龄为161 d左右(23周)。肉猪屠宰率75%,胴体瘦肉率65%。各项生产指标见下表2-2,生产计划见表2-3。

表2-2 生产技术指标表

项目	指标	项目	指标
配种分娩率	85%	24周龄个体重	93.0 kg
胎均活产仔数	10头	哺乳期成活率	95%
出生重	1.2~1.4 kg	保育期成活率	97%
胎均断奶活仔数	9.5头	育成期成活率	99%
21日龄个体重	6.0 kg	全期成活率	91%
8周龄个体重	18.0 kg	全期全场料肉比	3.1

表2-3 生产计划一览表

基础母猪数	473		
	周	月	年
满负荷配种母猪数	24	104	1 248
满负荷分娩胎数	20	87	1 040
满负荷活产仔数	200	867	10 400
满负荷断奶仔猪数	190	823	9 880
满负荷保育成活数	184	797	9 568
满负荷上市肉猪数	182	789	9 464~10 000

注:1~3万头场以周为节律;一年按52周计算;按基础母猪470~500头计划。

二、猪场生产流程

本方案以万头生产线为例，以"周"为生产节律，采用工厂化流水作业均衡生产方式，全过程分为四个生产环节。按下列工艺流程图示进行（见图2-1）。

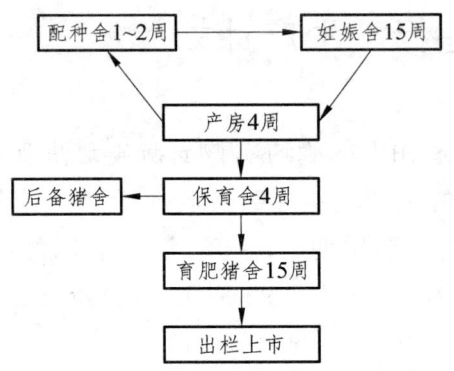

图 2-1　猪场生产工艺流程

1. 待配母猪阶段

在配种舍内饲养空怀、后备、断奶母猪及公猪进行配种。每条万头生产线每周参加配种的母猪24头，保证每周能有20头母猪分娩。妊娠母猪放在妊娠母猪舍内定位栏饲养，在临产前一周转入产房。

2. 母猪产仔阶段

母猪按预产期进分娩舍产仔，在分娩舍内4周（临产一周，哺乳三周），仔猪平均21 d断奶。母猪断奶当天转入配种舍（先在运动场饲养3 d），仔猪原栏饲养7 d后转入保育舍。如果有母猪产仔少、哺乳能力差等特殊情况，可将仔猪进行寄养过哺并窝，这样不负担哺乳的母猪可提前转回配种舍等待配种。

3. 仔猪保育阶段

断奶7 d后强弱分群，仔猪平均两窝并一栏，转入仔猪保育舍培育至8周龄转群，仔猪在保育舍饲养4周。

4. 肥猪饲养阶段

8周龄仔猪由保育舍转入肥猪舍饲养15周，预计饲养至23周龄左右，体重达90～100 kg出栏上市。

技能四　猪场物资与报表管理

一、物资管理

首先要建立进销存账，由专人负责，物资凭单进出仓，要货单相符，不准弄虚作假。生产必需品如药物、饲料、生产工具等要每月制订计划上报，各生产组根据实际需要领取，不得浪费。

二、猪场报表

报表是反映猪场生产管理情况的有效手段，是上级领导检查工作的途径之一，也是统计分析、指导生产的依据。各生产组长做好各种生产记录，并准确、如实地填写周报表，交上级主管核实后送场部，其中配种、分娩、断奶、转栏及上市报表一式两份并附报表目录。

1. 生产报表

（1）种猪配种情况周报表。
（2）分娩母猪及产仔情况周报表。
（3）断奶母猪及仔猪生产情况周报表。
（4）种猪死亡淘汰情况周报表。
（5）肉猪转栏情况周报表。
（6）肉猪死亡及上市情况周报表。
（7）妊检空怀及流产母猪情况周报表。
（8）猪群盘点月报表。
（9）猪场生产情况周报表。
（10）配种妊娠舍周报表。
（11）分娩保育舍周报表。
（12）生长育肥舍周报表。
（13）公猪配种登记月报表（公猪使用频率月报表）。

（14）猪舍内饲料进销存周报表。

（15）人工授精周报表。

2. 其他报表

（1）饲料需求计划月报表。

（2）药物需求计划月报表。

（3）生产工具等物资需求计划月报表。

（4）饲料进销存月报表。

（5）药物进销存月报表。

（6）生产工具等物资进销存月报表。

（7）饲料内部领用周报表。

（8）药物内部领用周报表。

（9）生产工具等物资内部领用周报表。

技能五　猪场存栏猪结构

一、计算方法

（1）妊娠母猪数=周配母猪数×15周
（2）临产母猪数=周分娩母猪数=单元产栏数
（3）哺乳母猪数=周分娩母猪数×3周
（4）空怀断奶母猪数=周断奶母猪数+超期未配及妊检空怀母猪数（周断奶母猪数的1/2）
（5）后备母猪数=（成年母猪数×30%÷12个月）×4个月
（6）成年公猪数=周配母猪数×2÷2.5（公猪周使用次数）+1~2头
（注：母猪每个发情期按2次本交配种计算）
（7）仔猪数=周分娩胎数×4周×10头/胎
（8）保育猪数=周断奶数×4周
（9）中大猪数=周保育成活数×16周
（10）年上市肉猪数=周分娩胎数×52周×9.1头/胎

二、万头场标准存栏

妊娠母猪数360头；临产母猪数20头；哺乳母猪数60头；空怀断奶母猪数30头；后备母猪数48头；成年公猪数20头；后备公猪数6头；仔猪数800头；保育猪760头；中大猪2 949头。

合计：5 053头（其中基础母猪为470头），年上市肉猪数=9 464~10 000头。

技能六　各类猪喂料标准

要分季节制订饲料配方，夏季由于采食量低，营养浓度要高，并要根据市场成本核算制订饲料配方，保证营养全价性，同时制订一个科学的、适合于本场的饲料添加剂保健方案。

小猪用颗粒饲料，大猪用粉料最经济。小中猪料添加 3%～5% 脂肪可提高日增重和饲料转化率，同时可提高蛋白质的吸收率；夏天在哺乳母猪料添加 3%～5% 脂肪可减少因采食量下降导致的能量供应不足，增加乳汁分泌，提高仔猪断奶重，减少母猪失重，缩短发情间隔。

哺乳母猪每天维持需要饲料 2 kg，哺乳每头仔猪需饲料 0.3 kg，因此母猪哺乳期日平均采食量 5 kg。

肉猪各阶段最佳日增重采食量料肉比见表 2-4，500 头母猪规模猪场年饲料用量表见表 2-5，各类型猪阶段饲喂量参考见表 2-6。

表 2-4　肉猪各阶段最佳日增重采食量料肉比

阶段	日增重（g）	采食量（g）	料肉比
24～36 d（6.5～10 kg）	267	334	1.25
37～56 d（10～20 kg）	468	766	1.64
57～88 d（20～40 kg）	655	1 386	2.11
89～124 d（40～70 kg）	741	1 911	2.58
125～158 d（70～90 kg）	765	2 555	3.34
平均	641	1 627	2.53

表 2-5　500 头母猪规模猪场年饲料用量表

猪类别	耗料量（kg/头）	头数	饲料量（kg/年）	饲料比例（%）
哺乳母猪	250	500	125 000	4.2
空怀母猪	80	500	40 000	1.3
妊娠母猪	620	500	310 000	10.4
哺乳仔猪	2	10 700	21 400	0.7
保育仔猪	12	10 300	147 600	4.9
小猪	33	10 100	333 300	11.2
中猪	80	10 100	808 000	27.0
大猪	115	10 000	1 150 000	38.4
公猪	900	20	18 000	0.6
后备猪	240	160	38 400	1.3
			2 991 700	100

表 2-6　各类型猪阶段饲喂量参考

阶　段	饲喂时间（d）	喂料量（kg/头/日）
后备猪	90 kg～配种	2.3～2.5
妊娠前期	0～28 d	18～2.2
妊娠中期	29～85 d	2.0～2.5
妊娠后期	86～107 d	2.8～3.5
产前 7 d	107～114 d	3.0
哺乳期	0～21 d	>4.5
空怀期	断奶～配种	2.5～3.0
种公猪	配种期	2.5～3.0
乳猪	0～28 d	0.18
保育猪	29～60 d	0.5
小猪	61～77 d	1.1
中猪	78～119 d	1.9
大猪	120～168 d	2.25

技能七　种猪淘汰原则与更新计划

一、种猪淘汰原则

（1）后备母猪超过 8 月龄以上不发情的。
（2）断奶母猪两个情期（42 d）以上或 2 个月不发情的。
（3）母猪连续二次、累计三次妊娠期习惯性流产的。
（4）母猪配种后复发情连续两次以上的。
（5）青年母猪第一、二胎活产仔猪窝均 7 头以下的。
（6）经产母猪累计三产次活产仔猪窝均 7 头以下的。
（7）经产母猪连续二产次、累计三产次哺乳仔猪成活率低于 60%，以及泌乳能力差、咬仔、经常难产的母猪。
（8）经产母猪 7 胎次以上且累计胎均活产仔数低于 9 头的。
（9）后备公猪超过 10 月龄以上不能使用的。
（10）公猪连续两个月精液检查（有问题的每周精检 1 次）不合格的。
（11）后备猪有先天性生殖器官疾病的。
（12）发生普通病连续治疗两个疗程而不能康复的种猪。
（13）发生严重传染病的种猪。
（14）由于其他原因而失去使用价值的种猪。
（15）分周/月有计划地均衡淘汰。

二、种猪淘汰计划

（1）母猪年淘汰率 25%～33%，公猪年淘汰率 40%～50%。
（2）后备猪使用前淘汰率：母猪淘汰率 10%，公猪淘汰率 20%。

三、后备猪引入计划

（1）老场：后备猪年引入数=基础成年猪数×年淘汰率÷后备猪合格率。

（2）新场：后备猪引入数=基础成年猪数÷后备猪合格率。或后备母猪引入数=满负荷生产每周计划配种母猪数×20周。

技能八 猪场常用数据表格

猪场常用数据表格如表 2-7~2-14 所示。

表 2-7 生产技术指标

项目		商品生产线		种猪场	备注
		考核值	目标值	目标值	
配种分娩率（%）		90	90	90	
窝平均健壮仔数（头）		11.3	12	11.3	>1.3 kg 以上
平均初生重（kg）		1.4	1.5	1.5	
平均断奶日龄（d）		21	18	25	
21 日龄转群重（kg）		6	6.12	6	种猪场 25 d 转群
母猪年产胎次		2.2	2.4	2.2	
生产成活猪/母猪/年		19	23	21	
保育猪饲养天数（d）		35	35	35	
56 日龄保育猪转群重（kg）		20	21	17	
130 日龄头平均重（kg）		72	73		
成活率	哺乳猪（%）	96	97	97	健壮仔成活率
	保育猪（%）	97	98	98	
	生长育肥猪（%）	98	99	99	
全程成活率（%）		91.7	94.1	94.1	
种公猪更新率（%）				40	人工授精站
种母猪更新率（%）		35	35	35	
种猪死亡率（%）		<5	<5	<5	
100 kg 体重日龄		147	147	147	
日增重	6.0~21 kg	400	450	450	
	21~53 kg	760	780	760	
	53~75 kg	860	870	860	
	75 kg~出栏	900		850	

续表

项目		商品生产线		种猪场	备注
		考核值	目标值	目标值	
料肉比	6.0~21 kg	1.35:1	1.35:1	1.35:1	
	21~53 kg	2.2:1	2.2:1	2.2:1	
	53~75 kg	2.5:1	2.5:1	2.5:1	
	75~120 kg	3.0:1		3.0:1	
20~120 kg 出栏料肉比		2.5:1	2.5:1	2.5:1	
种公猪耗料占料比		0.65:1	0.62:1	0.64:1	

表 2-8　猪舍参考温度

猪群	日龄	适宜温度（℃）	临界高温（℃）	临界低温（℃）	适宜湿度(%)
哺乳仔猪	出生当日	35	37	30	60~70
	2~4 日	32~34			
	5~7 日	28~31		28	
	8~21 日	25~28		23	
保育仔猪	4 周	32~33	35	20	60~80
	5 周	30~32			
	6 周	28~30		18	
	7 周	27~29			
	8~9 周	23~26			
生长猪	10~16 周	18~20	27	13	
育肥猪	17 周~出栏	17~18	27	10	
种公猪		15~18	25	10	
妊娠空怀母猪			27	10	
哺乳母猪		18~20			

表 2-9　不同阶段的猪群饲养密度

阶段	密度（m²/头）	群体（头/栏）	备注
保育猪	0.25~0.3	16~18	不包含食槽面积
25~53 kg 以下	0.4	30~34	
53~75 kg	0.6	15~17	
75~97 kg	1.0		

续表

阶段	密度（m²/头）	群体（头/栏）	备注
种公猪	10.0	1	需另配运动场
怀孕母猪	1.3	1	初产母猪、空怀母猪
空怀母猪	1.3	1	并栏以促进发情
哺乳母猪	3.5~4.0	1	

表 2-10　母猪、断奶仔猪、生长育肥猪生产性能指标

母猪	年断奶仔猪头数（24~25）	料肉比（FCR）
断奶仔猪	10周龄 30 kg 体重	FCR<1.5：1
生长育肥猪	21周龄 100 kg 体重	FCR<2.5：1
	23周龄 120 kg 体重	FCR<2.7：1

表 2-11　各类猪群饮水机设施

猪群	最小水流量（mL/min）	需水量（L）/kg 干饲料	耗水量（L/日）	饮水器间距（cm）	类型	头数/饮水器	个/栏
哺乳仔猪				45	无压杯式		1
断奶仔猪		2	1.5~2.5	45	乳头式	6~8	2
小猪	250	2~2.5	2.5~4.0	45	乳头式	6~8	2
中猪	300	2.5~3.0	4.0~6.0	45	乳头式	6~8	2
大猪	300	2.5~3.0	6.0~7.5	45	乳头式	6~8	2
断奶母猪 后备母猪 公猪	2 000	5	15~20			1	1
哺乳母猪	3 000	5	20~25		乳头式	1	1

表 2-12　仔猪生产性能建议指标

日龄（d）	体重（kg）	平均采食量（g/d）	生长速度（g/d）	料肉比	死亡率（%）
21~35	7~10.5	250	250	1.00	<3.0
35~49	1.5~17	575	450	1.30	<1.5
49~70	17~30	900	600	1.50	<1.0
全程	7~30	625	460	1.35	<2.0

表 2-13 生长育肥猪建议指标

日龄（d）	体重（kg）	平均采食量（g/d）	生长速度（g/d）	料肉比
56~84	20~40	1.4	0.70	2.0
84~108	40~60	1.9	0.83	2.3
108~129	60~80	2.4	0.95	2.5
129~149	80~100	2.8	1.00	2.8
149~170	100~120	3.0	0.93	3.2
全程	20~120	2.2	0.87	2.5

表 2-14 影响母猪生产性能的主要因素

参数	目标水平	应采取措施的水平
淘汰率（%）	35	>42
母猪淘汰时胎次（胎）	6~7 胎	<3 或 >8
平均胎次（胎）	5	<3 或 >8
母猪死亡率（%）	<5	>5
分娩率（%）	90	<80
窝数/母猪/年（窝）	2.4	<2.2
断奶~配种间隔（d）	5	>7
断奶后 7 d 配种母猪（%）	90	<80
空怀天数/母猪/年（d）	12	>20
仔数/窝（头）	12.0	<11.0
活仔/窝（头）	11.3	<10.5
仔猪初生均重（kg）	1.4	<1.1
断奶前死亡率（%）	<10.0	>13.0
仔数/窝（头）	10.2	<9.5
断奶仔数/母猪/年	24.5	<21
上市猪头数/母猪/年	23.0	<19
仔猪断奶均重（kg）	7.0	<6.0
断奶窝重（kg）	70	<60
耗料量/母猪/年（kg）	1 200	<1.0 或 >1.5
母猪耗料量/断奶仔猪（kg）	50	>55

技能九　万头商品猪场工艺流程设计

一、目的要求

通过实习，学生对现代化养猪的生产模式有一个更加深刻的认识，能熟练地根据生产规模设计合理的生产工艺流程。

二、实验设备和材料

某万头商品猪场工艺参考参数、猪群结构、猪栏配置参考数量。

三、教学内容与方法

先由教师讲解，确定工艺参数，然后由学生进行计算设计。

1. 根据生产需要，确定生产规模

先根据生产需要确定出生产规模。

2. 进行猪场的猪群结构设计

根据目前工厂化养猪能达到的生产指标，计算猪场需要的公猪、后备猪数量，以及在一个生产节律内的分娩母猪数量、断奶仔猪数量、转入育成舍的数量、转入肥育猪舍数量及出栏肥育猪数量。

3. 进行工艺流程设计

（1）五阶段养猪生产工艺流程。
空怀配种期→妊娠期→泌乳期→仔猪保育期→生长肥育期。
（2）生产节律。
一般猪场采用 7 d 制生产节律。

（3）确定工艺参数。

为了准确计算猪群结构，即各类猪群的存栏数、猪舍及各猪舍所需栏位数、饲料用量和产品数量，必须根据养猪的品种、生产力水平、技术水平、经营管理水平和环境设施等，实事求是地确定生产工艺参数。

① 繁殖周期。

繁殖周期=母猪妊娠期（114 d）+仔猪哺乳期+母猪断奶至受胎时间

一般采用 21~35 d 断奶；母猪断奶至受胎时间包括两部分：一是断奶至发情时间 7~10 d，二是配种至受胎时间，决定于情期受胎率和分娩率的高低。假定分娩率为 100%，将返情的母猪多养的时间平均分配给每头猪，其时间是：21×（1-情期受胎率）天。所以：繁殖周期=114+35+10+21×（1-情期受胎率）。

当情期受胎率为 70%、75%、80%、85%、90%、95%、100% 时，繁殖周期为 165 d、164 d、163 d、162 d、161 d、160 d、159 d。情期受胎率每增加 5%，繁殖周期减少 1 d。

② 母猪年产窝数。

$$母猪年产窝数=（365×分娩率）/繁殖周期$$

4. 猪群结构

根据猪场规模、生产工艺流程和生产条件，将生产过程划分为若干阶段，不同阶段组成不同类型的猪群，计算出每一类的存栏量就形成了猪群结构。

以年产万头商品肉猪的猪场为例，介绍一种简便的猪群结构计算方法。

（1）年产总窝数。

$$年产总窝数=\frac{计划年出栏数}{窝产仔数×出生至出栏成活率}=\frac{10\ 000}{10×0.9×0.95×0.98}=1193(窝/年)$$

（2）每个节拍转群头数，以 7 为一个节拍。

① 产仔窝数=1 193÷52=23 头，一年 52 周，即每周分娩泌乳母猪数为 23 头；

② 妊娠母猪数=23÷0.95=24 头，分娩率 95%；

③ 配种母猪数=24÷0.80=30 头，情期受胎率 80%；

④ 哺乳仔猪数=23×10×0.9=207 头，成活率 90%；

⑤ 保育仔猪数=207×0.95=196 头，成活率 95%；

⑥ 生长肥育猪数=196×0.98=192 头，成活率 98%。

（3）各类猪群组数。

生产以 7 为节拍，故猪群组数等于饲养的周数。

（4）猪群结构。

$$各猪群存栏数=每组猪群头数×猪群组数$$

猪群的结构见下表2-15,生产母猪的头数为576头,公猪、后备猪群的计算方法为:
① 公猪数:576÷25 = 23头,公母比例1:25;
② 后备公猪数:23÷3 = 8头,若半年更新一次,实际养4头即可;
③ 后备母猪数:576÷3÷52÷0.5 = 8头/周,选种率50%。

表2-15 万头猪场猪群结构

猪群	饲养期(周)	组数	每组头数(头)	存栏数(头)	备注
空怀配种母猪	5	5	30	150	配种后观察21 d
妊娠母猪	12	12	24	288	
泌乳母猪	6	6	23	138	
哺乳仔猪	5	5	230	1 150	出生活仔数
保育仔猪	5	5	207	1 035	断奶活仔数
生长育肥猪	13	13	196	2 548	转入头数
后备母猪	8	8	8	64	8月龄配种
公猪	52			23	
后备公猪	12			8	9月龄配种
总存栏数				5 404	最大存栏数

(5)不同规模猪场猪群结构。

5. 猪栏配备

各饲养群猪栏分组数=猪群组数+消毒空舍时间(d)/生产节拍(7 d)
每组栏位数=每组猪群头数/每栏饲养量+机动栏位数
各饲养群猪栏总数=每组栏位数×猪栏组数

四、技能训练报告

设计一个年出栏量万头肉猪的五阶段的生产工艺流程。

技能十　应用育种记录选择种猪

应用育种记录选择种猪是种猪选择的重要方法之一。依据的主要性状为平均断奶重、活产仔数、20日龄仔猪数、断奶时窝仔猪数、20日龄窝重、断奶时窝重。选择方法为平均断奶重、生产力、选择指数法，其中以平均断奶重进行选择比较单一，但准确性不高，而以生产力和选择指数法较全面而可靠。

一、实验目的与要求

使学生学会根据育种记录选择种猪。

二、实验的设备和材料

猪的育种记录及相关资料。

三、教学内容与方法

1. 根据母猪繁殖成绩记录确定育种核心群

母猪生产力指数为：

$$SPI=100+6.5（L-AvL）+1.0（W-AvW）$$

式中，L——产仔数；W——断奶重；Av——平均数。

根据表2-16母猪繁殖成绩确定选留顺序。

表2-16　母猪繁殖成绩

母猪编号	活产仔数（头）	21日龄断奶窝重（kg）	SPI
110	10	57.7	110.285（5）
115	13	64.5	136.585（1）

续 表

母猪编号	活产仔数（头）	21日龄断奶窝重（kg）	SPI
34	5	39.0	59.085
43	9	58.6	104.685（7）
176	8	37.4	76.985
81	10	55.3	107.885（6）
182	11	56.9	115.985（4）
125	7	39.0	72.085
136	11	58.0	117.085（3）
147	12	59.5	125.085（2）
77	9	49.5	95.585
69	7	45.8	78.885
平均	9.33	51.77	

2. 根据数据繁殖与生长测定数据选留后备猪

公猪以父系指数 TI：TI=100-1.7×D-66.14×H

母猪以母系指数 MI：MI=100+6×（L-AvL）+0.4×（W-AvW）-1.6×D-31.89×H

式中　D——校正达 100 kg 体重日龄与同期校正均值之差；

H——校正达 100 kg 体重背膘厚与同期校正均值之差。

其中：

校正达 100 kg 体重日龄=实际日龄-（实测体重-100）/CD

CD=1.826*实测体重/实测日龄（公猪）

CD=1.714 6*实测体重/实测日龄（母猪）

校正达 100 kg 体重背膘厚=实测背膘厚*CB

CB=A/〔A+B*（实测体重-100）〕

A=12.40（公猪）、13.71（母猪）

B=0.106 5（公猪）、0.119 6（母猪）

四、实验内容

先由教师讲解，然后每个学生根据本次实习所布置的作业进行种猪的选留。

（一）收集育种记录

1. 确定选育母猪

确定 14~16 月龄的初产母猪。但首先淘汰产仔畸形、脐疝、隐睾、毛色与耳形等不符合育种要求的母猪。

2. 育种记录项目

活产仔数、20 日龄仔猪数及窝重、断奶时窝仔猪数及窝重。

（二）选育方法

1. 平均断奶重

$$平均断奶重（kg）=\frac{断奶窝重}{断奶仔猪数}$$

2. 生产力

$$生产力 = N_0 + N_{20} + Nwn + 0.1 W_{20} + 0.03 Wwn$$

注：N_0 为活产仔数，N_{20} 为 20 日龄仔猪数，Nwn 为断奶时窝仔猪数，W_{20} 为 20 日龄窝重，Wwn 为断奶时窝重。

3. 选择指数

$$选择指数 = N_0 + Nwn + 0.4 Wwn$$

注：Nwn 为断奶时窝仔猪数，Wwn 为断奶时窝重。

（三）结论

1. 综合评价

根据平均断奶重选留母猪很不全面，而根据生产力和选择指数选留母猪比较全面可靠，而且两种方法差异不大。因计算选择指数时所用项目较少，所以应用选择指数选留母猪比较方便些。

2. 选出种猪

按选择指数和生产力高低的顺序选择确定的头数。

五、实验报告

根据表 2-17 育种记录选留 3 头公猪。

表 2-17 育种记录表

耳号	实测日龄（d）	实测体重（kg）	实测背膘厚（mm）
1501	177	102	14
1603	176	98	15
1705	176	99	16
1701	176	95	12
1903	173	89	13
2005	172	98	9
2007	172	91	16
2301	170	99	13
2507	169	92	10
2601	168	101	14
2603	168	94	8
2801	165	90	11
2903	162	95	18
2907	162	90	11
3001	158	90	15
3005	158	84	13
3007	158	88	16
105	156	83	11

第三篇 规模化猪场目标与饲养管理技能

技能一 仔猪和哺乳母猪的饲养管理

一、目标

（1）哺乳母猪日采食量 5 kg 以上（未达到目标采食量的，要提高日粮的营养浓度，或改善环境设施条件以及饲养管理的方法，争取达到目标采食量），最大限度控制母猪掉膘。产后体重与断奶体重的差异不超过 10~15 kg，P_2 点（最后肋骨后缘距背正中线 6.5 cm 处）背膘厚不得低于 18 mm（用测膘仪测量），分娩时应当达到 24 mm。

（2）仔猪成活率：出生重 1 kg 以上，成活率 98% 以上；1 kg 以下的仔猪成活率达到 80% 以上。

二、哺乳母猪的管理

（1）按全进全出的要求消毒产房，母猪产前 5~7 d 进入产房，饲喂产前产后添加药物的料，母猪进产房前洗澡、消毒，每个产仔单元，一次尽量进满待产母猪，以利于全进全出的实施。

（2）妊娠期满 112 d（在 113 d 早上），肌肉注射或阴部注射氯前列烯醇诱导分娩，尽量避开高温产仔、夜间产仔，减少难产（特别是初产母猪）和产后子宫炎发生。

（3）做好接产准备：产房 24 h 派人值班，准备接产工具、用具和消毒液。出现临产症状时，用毛巾蘸 0.1% 高锰酸钾溶液擦洗母猪乳房，使用毛刷刷洗整个臀部，产仔结束的 3~4 d 内，用毛巾蘸 0.1% 高锰酸钾溶液擦洗母猪乳房、外阴及臀部，最少 1 次/d，助产在有经验的兽医的指导下进行。

（4）预防产后子宫炎和乳房炎的发生：产仔过程中输液（糖盐水、头孢噻肟钠或左氧氟沙星），产后注射长效土霉素。

（5）哺乳母猪的饲养管理。

① 喂料：产前一周至断奶后配种当天，为母猪提供优质合理的哺乳期日粮，以供哺乳需要，尽量减少母猪背膘损失，为下一个生产周期做准备。哺乳期日粮让母猪自由采食，4~5次/d饲喂。产仔当天开始尽可能让母猪更多吃料，直至仔猪断奶。夏季尽量选择早晚凉爽的时候多饲喂，每天统计母猪的采食量，日采食量最好能达6~7 kg。日采食量低于5 kg时，可在喂料同时再撒一把粉碎的豆粕或在饲料中添加0.5%~1.0%血浆蛋白粉（美国APC公司）。对采食不足的母猪采取弥补措施，包括提高日粮营养浓度、改善和提高饲养管理方法及小环境、改变日粮的形状和状态等，这样做的主要目的是提高母猪的采食量，这是唯一的，也是最终的目的。

② 喂水：为母猪提供足量、清洁的饮水，一般4~5次/d，最好让母猪自由饮水；高温季节，哺乳期要人工辅助母猪多饮水，母猪的日饮水量为40~50 kg/头/日；分娩后6~8 h，人工辅助母猪站起来，以利于产后母猪的快速恢复。

③ 产后体温监测，观察母猪的体况：是否有食欲不振、喘气、烦躁不安，乳房是否有硬块和炎症，阴道是否有恶露流出（3~4 d内为正常），早检查，及时发现及时治疗。

④ 夏季做好降温工作，冬季做好保温工作。可以根据各养殖场的实际情况，采取具体措施降温或保温，力争为母猪和仔猪建立一个良好的温度环境，保持舍内空气新鲜，温度最好控制在20~25 ℃。

⑤ 产房卫生工作做好，保持舍内和产床清洁干燥，粪便及时清理，一般清理工作从健康母猪开始。同时，产床保温箱内，也要保持卫生干燥，而且保温箱的温度控制，一定要掌握好，防止因为温度的变化影响哺乳仔猪。如果由于温度的变化导致仔猪出现不适症状时，要及时对仔猪进行药物处理，也可以在哺乳期对仔猪进行药物预防，药物预防方案后面介绍，作为养殖场参考。

⑥ 断奶时，对母猪做鉴定，失去种用价值的母猪要及时淘汰。

⑦ 对助产过的母猪、脚痛和产后食欲差的母猪要特别关注和护理，如喂水、喂料以及药物治疗。

三、哺乳仔猪的管理

（1）接产：仔猪出生后，接产员要迅速使用消毒好的干毛巾擦净仔猪口、鼻内的污物后，快速擦干仔猪体表，保持仔猪的体温。距离腹部4~5 cm处，先接扎后断脐带，断端使用碘酊浸泡消毒。如果有条件，在仔猪身上撒密斯陀（干燥、消炎、止血）。

（2）仔猪出生后24 h内，剪去8颗乳牙，断尾（种猪剪去1/3，商品猪剪去2/3），前肢膝关节处，贴医用胶布（4 cm×4 cm），主要防止前肢膝部磨伤。辅助小猪尽早吃上初乳，标记耳号并记录，填写分娩记录。

（3）保温、防压：初生仔猪适宜温度为32～35℃，使用保温灯保温，底部垫电热板或毯子，以使仔猪趴卧时舒适，而且要预防仔猪腹部受凉从而导致腹泻。出生3～5 d内，仔猪吃奶部位产床垫麻袋或毯子，防止磨伤膝部。产房饲养员及时巡视，防止母猪压死仔猪，及时调教仔猪进保温箱睡觉休息。出生3～5 d内，饲喂母猪前，及时将仔猪关进保温箱，防止初生仔猪受温度影响。

（4）补铁：仔猪出生后24 h内，注射补铁剂（富来血或铁血龙2 mL/头），弱小猪在10日龄再注射一次。

（5）严重患病，尤其是慢性病的，体重欠缺大的，体况差异大的仔猪，及时发现，尽早淘汰。

（6）教槽。

①哺乳仔猪教槽：仔猪出生后，尽早对仔猪做诱食训练，使每头仔猪尽早采食。一般在仔猪出生后第三天对哺乳仔猪进行开口教槽训练，开始诱食，把少许教槽料撒入干净补料槽中，少喂勤添，每日最好能喂到6次以上。让仔猪能随时吃上新鲜饲料，产房仔猪全程饲喂教槽料。

一般经过训练的仔猪，夏季在第11～15 d采食（冬季推后3～5 d），采食量为3～7 g/头/d。有了最初的采食，仔猪的采食量会逐步增加，随着采食量的增加和稳定，仔猪断奶的准备工作也在有条不紊地进行。经过教槽训练的仔猪，因为有一个稳定的基础采食量，消化系统及消化酶的发育相对于没有经过训练的仔猪，有很大的提高，断奶也就相对轻松得多。断奶后的应激反应也小得多，为后期生长发育打下坚实的基础。

25～28日龄断奶，平均断奶重7.5～8.0 kg/头，断奶采食量为50～75 g/头/d。一般以断奶采食量为断奶衡量标准，只要采食量达到，即可实施断奶，断奶重为辅助衡量标准（18～21日龄断奶，平均断奶重为5.8～6.0 kg/头，断奶采食量为25～35 g/头/d）。

②断奶缓冲、过渡：用营养全价、易消化的哺乳仔猪料（仔猪21 d断奶至35 d或25～28 d断奶当天至42 d使用），主要考虑仔猪断奶后，各营养素的需要以及消化吸收效果，最大限度地降低断奶后弱僵猪的数量，使用时间为14 d（21 d断奶的，可以适当延后使用，使仔猪快速生长，尽早在56～60日龄时，达到20 kg体重，度过疾病多发期）。经过缓冲期饲养后，仔猪延后进入保育期（仔猪的缓冲也属于小保育期），生长发育速度很快，营养需求也高，但仔猪经过小保育期后，体重快速增加，健康状况相对提高很多。因此，需要提供全面、优质、特殊的日粮，严格控制维生素和微量元素的添加，加强严格的饲养管理和周密的防治措施，为后期的健康、快

速生长打下坚实的基础。

（7）各养殖场的环境不同、设施条件不同、饲养管理不同、日粮配制和搭配不同，由此断奶日龄也会不同。饲养管理好的养殖场，一般在21日龄断奶，绝大部分养殖场在28~30日龄断奶。无论断奶日龄如何，断奶后仔猪应激反应都会存在，只是大小不等而已，因此导致猪群中弱僵猪始终存在。而管理好、规模小、日粮配制合理的，比例就小，反之则大。在行情差时，这部分弱僵猪对养殖场的影响是致命的，直接影响猪场的盈亏，一般可以消耗养殖场利润的30%~40%。尤其对规模猪场，可以造成无法实施全进全出，进而影响猪场的生物安全，最终导致猪场经营失败。

所以，在实际生产中，一定要注意弱僵猪的处理，尽量降低其所占比例，最终达到断奶弱小仔猪的比例下降到3.5%~4.0%以下，提高养殖场的效益。

（8）寄养：尽可能把仔猪留在生母猪的窝中，如果做不到，就尽可能把仔猪留在提供初乳的母猪窝中。不要为了追求均匀的仔猪体重或相同的仔猪性别而进行交叉寄养。寄养必须遵循以下原则：

① 寄养只在本单元内进行，不要跨单元寄养。

② 要在吃足生母初乳6 h后24 h以内寄养。

③ 患病仔猪不能寄养到健康猪群。

④ 寄养在日龄相近的仔猪窝中。

⑤ 7~10日龄弱仔猪集中用1~2头奶水好的仔猪大的母猪带养（该母猪的仔猪用一个断奶母猪带养），可以挽救弱仔猪，提高断奶猪整齐度，这是迫不得已的寄养。

⑥ 做好仔猪寄入、寄出记录。

（9）阉割：仔猪5~7日龄阉割。

（10）把严重患病、垂死，以及体况极差的仔猪淘汰掉。

① 断奶时把体重小于3.5 kg、很难在断奶后存活的仔猪以及体况极差的仔猪淘汰。

② 患病仔猪如果治疗之后仍不见效，就立即淘汰。

③ 特别瘦弱的、快饿死的、瘸腿的、体重特别轻的、被毛特别长的、患慢性病的仔猪，一经发现立即淘汰。

（11）断奶后即转走母猪和仔猪。为了帮助仔猪尽快找到水源饮水，断奶后30 min内可用小石子卡在猪饮水器上让水自然流出，这样仔猪可以迅速找到水源。

（12）药物预防措施的详细程序及用药搭配，需要根据各场的实际情况，做出相应的具体方案，在此只为各养殖场提供一个参考方案。关于预防药物的使用，以后有详细介绍。

技能二　保育猪的饲养管理

一、饲养目标

各养殖场根据实际情况，确定保育猪的饲养数量，设施条件好的 1 200 头/人，较好的情况为 500～800 头/人，目前的中小养殖场为 300 头/人左右。每个养殖场的保育猪的单位饲养量，受很多因素的影响，实际生产中，以本场实际为主考虑。

保育猪到 70 日龄（不同饲养模式，日龄有所不同，但指标相差不大），仔猪成活率达到 98% 以上，次品率低于 2%，体重达到 28～30 kg/头以上，料肉比低于 1.3∶1。

二、饲养管理

（1）严格按照全进全出饲养模式，严格按照保育猪的饲养管理程序，严格控制日粮配制及原料选择。

（2）保温通风：保持圈舍温度和通风，保持圈舍空气新鲜，无贼风。断奶时舍内温度应达 28 ℃，每周下降 1～2 ℃，第四周温度达 22 ℃。通过保育猪的睡姿判断温度是否适合，温度适合时：猪不打堆、侧卧、腿自然伸展，仔猪均匀分布在保育栏上；温度不够时：猪只打堆，四肢蜷缩在腹下。保温方式可用地暖保温或采取垫木板加垫草等。把个体较小的仔猪安排在温暖、没有贼风的地方。

（3）分群：按健康和弱小猪，或正品和次品，分栋饲养，再按品种、公母、大小、强弱分栏。密度为 0.25～0.36 m²/头。为减少咬架和咬伤感染，可以在合栏时喷洒密斯陀预防。

（4）调教：调教仔猪定点采食、睡觉、排泄。

（5）饲喂：经过断奶哺乳料过渡和断奶缓冲（继续饲喂过渡日粮 14 d）后，使用保育小猪料到 56 日龄，发挥最大的使用效果，可以使仔猪的体重在最短时间内，达到最大，迅速度过免疫高密度时期，有效避免免疫不应答（免疫疲惫），提高了免疫的效果。使仔猪的健康水平有较大的提高，为后期生长打下坚实的物质基础。

仔猪的换料要有 3～5 d 的过渡，保育小猪料使用到 56 d 时逐步换到保育大猪料，保育大猪料使用到 70 日龄，使体重快速达到 30 kg/头左右。

从保育小猪料到保育大猪料的换料，和其他各种料转换时一样，都要有 3~5 d 的过渡缓冲时间。

在饲养过程中，如果出现大小不均的仔猪，及时从各栏中挑出弱小仔猪，集中护理，安排在温暖、无贼风处饲养。养殖场饲养管理条件好，或在饲养员充足的情况下，还可以将固体日粮调和成液体饲料饲喂，增加适口性，以提高弱小仔猪的采食量，提高健康水平，缩小和健康猪的差距，使猪群的整齐度提高，以利于全进全出模式的实施。

（6）充足、清洁的饮水，在对哺乳仔猪进行教槽训练时，就要对其进行饮水训练，及早使仔猪学会自己饮水，为提高采食量打下基础。

（7）驱虫：在断奶时进行，注射通灭或皮下注射害获灭，0.3 mL/头。

（8）注射保健：在断奶时进行，每头仔猪注射瑞可新 0.2 mL。

（9）及时发现患病仔猪，及时治疗。弱小仔猪单独饲养，或将猪群中的弱小仔猪集中分群饲养；腹泻仔猪，日粮中加口服补液盐或药物来做保健；无价值的仔猪，及时淘汰。

（10）过渡阶段日粮中，特别注意日粮中食盐和微量元素的添加，食盐添加量的高或低，都直接影响保育仔猪的采食量，对仔猪腹泻也有很大的影响。

（11）根据本阶段保育仔猪的易感疾病，有针对性地在日粮中添加药物控制。本阶段主要控制呼吸道疾病和消化道疾病，可以添加一些预防仔猪此方面疾病的预防药物，来预防控制以上疾病，保持猪群的整体健康水平，提高日粮利用效率，提高养殖场的效益。

（12）保育阶段在猪整个生长阶段中，主要作用是承上启下，如果保育阶段做得有偏差，直接影响开口教槽料的使用效果。因此，仔猪保育阶段一定要严格按照饲养管理程序进行，日粮的搭配也要精心。设计一个有利于仔猪今后生长发育的流程是有必要的，也是首先要做的。

技能三　生长育成猪的饲养管理

一、饲养目标

（1）成活率达到99%以上。
（2）达到100 kg/头体重的日龄，小于150 d，控制在145~150日龄范围。
（3）料肉比控制在2.5∶1。

二、饲养管理

（1）健壮和较弱小猪分开饲养，保育舍转入生长育成舍，应一栏对一栏的转入，减少打架和其他应激反应。
（2）密度：开放式带运动场，实心地面栏为1.56~1.96 m²/头。
（3）饲养员每天检查一次饮水器，保障饮水器的畅通和猪的充足饮水。
（4）商品猪在体重30~70 kg时使用育肥前期料，70 kg至出栏使用育肥后期料，自由采食。
（5）做好防暑降温和保温防寒措施，生长育成猪的适宜温度为17~20 ℃，温度低时可以加垫草，温度高时，可以开启水帘、风机或给猪冲水以降温，也可以采取其他相应措施。
（6）每天清扫两次圈舍，保持猪栏干燥、卫生，保持圈舍通风良好。

技能四　后备母猪的饲养管理

一、饲养目标

（1）220~230日龄，体重达到130~140 kg/头，P_2点背膘厚度为18~22 mm。
（2）自然发情率为90%，第二或第三次发情时，开始配种。

二、饲养管理

（1）引进种猪，必须在隔离舍隔离饲养30 d以上，由专人饲养和管理。隔离饲养期间，观察是否跛行、腹泻、喘气。并进行猪瘟、口蹄疫、蓝耳病、圆环病毒病、伪狂犬病、喘气病等病原学检测，看引种场和本场是否有重大疫情。同时做以上病的免疫抗体血清学检测，了解免疫情况，为制订以后的免疫程序提供依据。

（2）实行小群饲养，根据圈舍大小，确定饲养头数。一般以6~8头/栏为宜，体重115~135 kg/头，占地面积为3.7 m^2/头，地板防滑，最好有垫草或垫料。

（3）圈舍通风、干燥、卫生、光照充足，温度以18~20 ℃为宜。

（4）种猪的培育，在大保育之后，进入后备阶段，使用育肥猪料直到配种，日采食量为2.5~3.0 kg/头/d；最好用湿拌料饲养，配种前2周内日采食量为3.0 kg/头/d。

（5）提供充足、卫生、清洁的饮水。

（6）混养：引进种猪隔离饲养结束后，与本场生产母猪在同一栋圈舍饲养，以获得主动免疫，混养时间不低于30 d，之后才能配种。

（7）实施免疫前，再次对后备母猪评定，不合格的转为商品猪。评定的主要内容为：外貌（主要是精神状况）、体形、肢蹄、乳头、外阴、健康状况、生长速度等。经过评定后合格的后备种猪，实施免疫、保健、驱虫程序。

（8）在后期饲养管理过程中，如发现有严重肢蹄病的后备母猪，及时转为商品猪，不再作为种用。

（9）170~180日龄，开始与成年公猪接触，连续刺激22 d，每天15~20 min，以促进后备母猪发情；不发情的后备母猪注射PG600，10 d后如果再不发情，及时淘汰；做好发情登记，第二次或第三次发情时，再做配种（主要考虑后备母猪的使用年限和使用效率）。

技能五　配种和妊娠母猪的饲养管理

一、饲养目标

（1）母猪断奶后 7 日内发情的比例为 85% 以上。

（2）分娩率在 85% 以上，窝产健仔数，初产母猪为 9.5 头/胎次以上，经产母猪在 10 头/胎次以上，平均出生重 1.2～1.45 kg/头，出生重在 1 kg/头以下的仔猪比例小于 6%～8%。

二、饲养管理

（1）哺乳母猪断奶后，继续饲喂哺乳料，2 次/日，不限饲；配种当天改喂妊娠料，采用四阶段饲养妊娠母猪。测背膘厚时间：怀孕 14d、40d、90d、107d，共 4 次。

① 1～8 d，1.8kg/头/日。

② 9～38 d，背膘厚 17～21 mm，日喂料量 2 kg。背膘厚小于 17 mm，日喂料量 2.3 kg；背膘厚大于 21 mm，日喂料量 1.8 kg。

③ 39～100 d，背膘厚 17～21 mm，日喂料量 2 kg。背膘厚小于 17 mm，日喂料量 2.3 kg；背膘厚大于 21 mm，日喂料量 1.8 kg。

④ 101～107 d，根据妊娠母猪的膘情，背膘厚 17～21 mm，日喂料量 2 kg。背膘厚小于 17 mm，日喂料量 2.3 kg；背膘厚大于 21 mm，日喂料量 1.8 kg。

⑤ 108 d 进入产房，到分娩饲喂哺乳料，背膘厚 17～21 mm，日喂料量 2.5 kg。背膘厚小于 17 mm，日喂料量 3.0 kg；背膘厚大于 21 mm，日喂料量 2.0 kg。最好给妊娠母猪饲喂湿拌料，2 次/日。

（2）适宜温度为 15～18 ℃，保持清洁卫生、干燥通风、充足饮水，做好防暑降温和防寒保暖。

（3）配种后进入妊娠圈舍饲养，6 头/栏，115～225 kg 体重，占地面积为 2.2 m^2/头；减少应激反应，做好各项防疫措施，控制疾病的传播和流行，周围有大的疫情时，可以根据实际情况，提前在饲料中投放预防药物。

（4）妊娠期日粮中，可以添加活菌制剂，调理妊娠母猪的消化道功能，提高日粮的消化吸收率，降低便秘的发生。如：酶制剂、酵母制剂等活菌制剂最好。

技能六　种公猪的饲养管理

一、饲养目标

（1）后备公猪 8 月龄体重达到 130 kg/头以上。

（2）自然交配每头公猪可以完成 25～30 头母猪的年配种任务，人工授精可以完成 150 头母猪的年配种任务。

（3）一次射精量在 150 mL 以上，密度为 2.5 亿/mL 以上，精子活力 0.7 以上，畸形率在 20% 以下。

（4）使用年限在 1 年以上。

二、后备公猪的饲养管理

（1）引进后备公猪隔离饲养 30 d 以上，专人单栏饲养和管理，隔离饲养期间，主要观察是否跛行、腹泻、喘气等。并进行猪瘟、口蹄疫、蓝耳病、圆环病毒病、伪狂犬病、喘气病等病原学检测，看引种场和本场是否有重大疫情。同时做以上病的免疫抗体血清学检测，了解免疫情况，为制订以后的免疫程序提供依据。

（2）混养：隔离饲养结束后，与本场母猪间隔一栏饲养，以获得主动免疫，注意观察性欲和配种能力，混养时间不低于 30 d。

（3）50 kg 到配种期间，饲喂专用后备母猪料，饲喂量 2.5～3.0 kg/日，2 次/日；8 月龄或体重达到 130 kg，开始饲喂专用公猪料，饲喂量 2.5 kg/日，2 次/日。

（4）圈舍和猪体，保持卫生、清洁、干燥，圈舍清粪 2 次/日以上，饲养员在日常饲养管理过程中，注意观察环境、引入公猪的行为，等等。

（5）运动：2～3 次/周，每次 30 min 以上，以增强肢蹄的强度和健康。

注意：雨天、高温、冰雪天气禁止运动，禁止合栏，以预防打架受伤，影响种用。

（6）公猪的调教，需要耐心、细心，禁止鞭打和粗暴吼叫，可以先观摩后调教，连续两个月精子活力不达标者淘汰。

（7）防暑降温和防寒保暖，适宜温度为 18～20 °C，最好不要超过 27 °C，否则影响精子活力。一般在高温季节要采取降温措施，如：水帘、风机、圈舍洒水等措施。

三、生产公猪的饲养管理

（1）饲喂专用公猪料，饲喂量 2.5 kg/日，2 次/日。饲养管理好或条件充分的养殖场，还可以饲喂湿拌料，以提高适口性和采食量。

（2）单栏饲养，135~225 kg 体重，占地面积为不低于 5.6 m²/头。

（3）适当运动，2~3 次/周，每次 30 min 以上，雨天、高温、冰雪天气禁止运动，禁止阳光直射，经常刷洗公猪体表，以保持清洁卫生，提高其健康水平和利用价值。

（4）合理使用。

① 实施人工授精的养殖场：

8~12 月龄，采精为 1 次/周；12 月龄以上为 2~3 次/周；即使精液不使用，也应当每周采集一次，以保持公猪的性欲和精液品质。连续两个月精子品质不达标者淘汰。

② 实施自然交配的养殖场：

按照正常的饲养管理程序，提供合理的日粮供给，一般一头种用公猪，负责 25~30 头母猪。

（5）圈舍和猪体，保持卫生、清洁、干燥，圈舍清粪 2 次/日以上，注意日常观察。

（6）定期有针对性地使用药物，预防常见和重大疫病。关于预防药物的使用，以后有详细介绍。

（7）防暑降温和防寒保暖，公猪的适宜温度为 18~20 ℃，最高不要超过 27 ℃，否则影响精子活力。夏季高温季节，注意采取降温措施。

（8）通风换气，保持圈舍空气新鲜，圈舍空气质量对猪群影响很大。

技能七　生物安全及其消毒

一、生物安全

养猪防病首先要重视生物安全，生物安全主要有以下措施：
（1）环境控制。

猪场应远离村庄和其他猪场，猪场周围必须有围栏，防止其他兽类进入场内。猪场入口设置一消毒池，供进出场人员、车辆消毒。猪舍四周应有良好的排水沟。每次出售猪后，猪舍应进行全面清洗、消毒。每日清洗饲料槽（喂料机器管道）及水槽。每栋猪舍入口设置一消毒槽，进入者必须将鞋底消毒。堆积粪便处，每两个月洒石灰乳一次。肉猪应运至猪场门口出售，不可让运猪车进入猪场。

（2）人员控制。

严格执行卫生防疫制度和各种规章制度，禁止不必要人员进入猪场，工作人员进入生产区必须换衣、鞋，消毒，如有可能应先洗澡。

（3）畜禽控制。

引种必须经过严格检疫，猪群应采用全进全出制度。

（4）污物控制。

垫料、废物、粪便实行无害化处理，不损害他人也保护自己。

（5）隔离措施。

猪场有围墙，外来车辆应在远离猪场的地方停车，外来人员不得进入养猪生产区。

（6）卫生措施。

猪舍每天做好通风、清扫等卫生工作。

（7）消毒措施。

选择优质高效、安全、无毒、无腐蚀性、无刺激性的消毒剂，如"百胜"，进行严格彻底有效的喷雾、喷洒、饮水消毒工作。

以上所有的生物安全措施中，消毒措施是养猪防病最重要的措施之一。

二、消毒

1. 什么是消毒

消毒是用物理的、化学的和生物的方法杀灭病原微生物。其目的是预防和控制传染病的发生、传播和蔓延。

2. 为什么要消毒

注射疫苗产生的是有限抗体，病原微生物对环境的污染是无限的，通过喷雾、喷洒、饮水等消毒措施以降低空气等环境中病原微生物的总量，保证猪在相对安全的环境中发挥最高的生产性能。

3. 猪场消毒最重要的地方和消毒最重要的时机

由于乳猪刚出生时几乎没有免疫力、抗病力，故临产前母猪体表、产房的消毒最重要。当疾病发生时，药物只有对身体内的病原体有效，只有通过消毒杀灭猪身体外面的病原微生物，这样治病才能更有效。

4. 如何选择消毒剂

由于猪的嗅觉、味觉非常发达，仔猪的皮肤又娇嫩，猪场选择的消毒剂最好具有无毒、无刺激性、无异味、无腐蚀性、对人畜安全等特性，如"百胜""农福"等消毒剂。

5. 如何保证消毒有效

市场上消毒剂种类多，质量和使用后的效果差别大，养猪专业户无检测设备，很难评定消毒的效果。要使消毒真正有效，只有选择名牌的、国内外都普遍使用的消毒剂，并严格按照说明书正确使用，才能真正保证消毒的效果。

6. 一般的化学消毒剂

（1）酚类消毒剂。

具有臭药水味的一类消毒剂。这类消毒剂商品名最多，其中苯酚对芽孢、病毒无效，常用于消毒池和排泄物的消毒，不能带猪消毒。具体消毒时必须先把环境冲洗得干干净净，浓度要达到 0.5%～1% 以上，温度不能低于 8 ℃，消毒效果才好。

（2）碱类消毒剂。

烧碱、生石灰等。常用 2%～3% 烧碱加 10%～20% 石灰乳消毒及刷白畜禽场墙壁、屋顶、地面等，假如配制烧碱溶液时提高温度、加入食盐，消毒效果更佳。

（3）醛类消毒剂。

甲醛（福尔马林）、戊二醛。甲醛是最好的熏蒸消毒剂，熏蒸消毒必须有较高的室温（高于18℃），相对湿度为80%左右才有效。戊二醛常用其2%溶液，消毒效果好，不受有机物影响，若用0.3%碳酸氢钠作缓冲剂，效果更好。

（4）氧化剂类消毒剂。

① 过氧乙酸。过氧乙酸又名过醋酸，有强烈的醋酸味，性质不稳定，易挥发。最好用市售20%浓度、在半年内生产的。现配现用，对霉菌和芽孢均有效。一般用量0.1%~0.5%。过氧乙酸在酸性环境中作用力强，不能在碱性环境中使用。

② 高锰酸钾。常与甲醛溶液混合用作熏蒸消毒。也可用作饮水消毒和清洗消毒。

（5）卤素类消毒剂。

① 氯化合物。具有氯臭（漂白粉味）的一类消毒剂。新出厂的氯化合物消毒力特别强，但性质不稳定，作用力不持久。一般用其0.5%~1%溶液杀灭细菌和病毒，用5%~10%溶液杀灭芽孢。氯化合物尽量用新制的，当有效氯降低至16%时即不能用于消毒。

② 碘与碘化合物。凡是具有碘伏、碘酒一样的棕色颜色和气味的消毒剂。碘为灰黑色，极难溶于水，且具有挥发性。碘有较强的瞬间消毒作用，在畜牧业上多用碘与表面活性剂络合而成的产物（碘伏），配比使用浓度视情况为50~150 ppm，50 ppm能杀灭细菌，150 ppm能杀灭病毒。

（6）季铵盐表面活性剂类消毒剂。如：新洁尔灭、洗必泰、百毒杀、杜灭芬等。

三、空猪舍的消毒

空猪舍消毒选用"百胜"、烧碱，烧碱加石灰乳、过氧乙酸等，注意配比浓度。

四、带猪消毒

养猪过程中，要进行喷雾、喷洒、饮水等消毒，以消毒空气、圈舍和饮水，保证猪在一个相对安全的环境中发挥最高的生产性能。

技能八 疫苗及其免疫

一、疫苗的一般知识

在广大农村,特别是那些养猪专业乡村,由于单位平方千米内的养猪场特别多,为空气传播疾病创造了条件。即使防疫观念相对较好的规模场,由于场内母猪做不到全进全出,仔猪也很难做到严格意义上的全进全出,因此,养猪专业户猪场防病最主要的工作就是针对当地流行的主要疾病,选用优秀的疫苗,做好免疫预防工作,提高猪整体的抗病力和免疫力,避免猪发生传染性疾病。免疫是养猪防病最主要的措施。

二、疫苗

疫苗的主要作用是预防传染病。疫苗是由免疫原性较好的病原微生物经繁殖和处理后制成的制品,接种动物机体后,刺激机体产生特异性抗体,当体内的抗体滴度达到一定数值后,就可以抵抗这种病原微生物的侵袭、感染,起到预防这种疾病的作用。

三、疫苗的种类及特点

1. 分类

可简单地分为细菌性疫苗和病毒性疫苗;按其生物活性分成活苗和死苗两大类。
(1)细菌性疫苗:由细菌、霉形体、螺旋体等制成的疫苗。细菌性疫苗包括活菌疫苗(弱毒苗)和死菌疫苗(灭活苗)两类,如猪肺疫是活疫苗,猪萎缩性鼻炎(克伟)是多价灭活疫苗等。
(2)病毒性疫苗:由病毒制成的疫苗。病毒性疫苗包括活病毒疫苗(活苗)和死病毒疫苗(死苗)两类,如猪瘟疫苗是活毒苗,猪口蹄疫是灭活疫苗等。除以上几种疫苗外,还有寄生虫疫苗、同源组织灭活疫苗(脏器苗的自家苗)、抗独特型抗体疫苗等。

2. 特点

(1)活苗特点。

优点:接种少量抗原后能自动复制,提供长远和完全的免疫,细胞、体液、黏膜免疫,产生抗体快,不需要多次免疫可得到免疫记忆,很少引起过敏反应。缺点:易受母源抗体影响,不当的存储会影响其效力(冻、热),任何在使用前或后对弱苗有害的手段会导致免疫失败,一些病原体不能致弱,会发生排泄病原体现象。

(2)灭活苗特点。

优点:免疫后病原体不能繁殖,也不能排毒,刺激体液免疫反应,安全不散毒,环境因素对其影响比较小,受母源抗体的影响小。缺点:只能肌肉注射,只提供相对比较短的系统免疫,细胞和黏膜免疫比较弱,多次接种才能建立完全的免疫和保证免疫记忆,常发生过敏反应。

3. 各类疫苗的保存

(1)真空冻干疫苗。

大多数的活疫苗都采用冷冻真空干燥的方式冻干保存,可延长疫苗的保存时间,保持疫苗的效价。真空冻干疫苗常在-15 ℃以下保存,一般保存期2年;2~8 ℃保存时,保存期9个月。

(2)油佐剂灭活疫苗。

这类疫苗以白油为佐剂乳化而成,大多数病毒性灭活疫苗采用这种方法。该类苗中的油佐剂能使疫苗中的抗原物质缓慢释放,从而延长疫苗的作用时间。这类疫苗应在2~8 ℃环境下保存,严防冻结。此外,还有蜂胶佐剂灭活疫苗、铝胶佐剂疫苗。

四、疫苗的购买、运输、储存的注意事项

(1)各类疫苗要有专人采购和专人保管,以确保疫苗的质量。购买国家农业部批准的正规厂家生产的疫苗,购买疫苗时,应仔细检查疫苗瓶身是否有裂纹,瓶内是否有异物,瓶签所标明的生产日期和失效期,是否与我们要买的疫苗相一致。

(2)疫苗在运输过程中,应保持冷藏运输,可将疫苗装入具有冰块的保温箱内,由公路、铁路或飞机运往各地。

(3)在现有的条件下,活疫苗一般在-15 ℃条件下保存,灭活苗在2~8 ℃条

件下保存，国外的进口苗（不论是活苗还是死苗）一般要求在 2~8 ℃ 条件下保存，不能冷冻，灭活疫苗分层后不能再用。

（4）要求冰箱或冰柜要一直保持供电的状态。

（5）活苗一般在 -15 ℃ 条件下保存，这给疫苗的保存、运输和使用带来极大的不便，现在国内外公司研制成功了疫苗耐热保护剂，如：扑伪佳疫苗，可使活疫苗在 2~8 ℃ 条件下保存，解决了疫苗在运输、使用过程中的诸多不便。

五、疫苗的接种方法

（1）皮下注射法。

皮下注射是将疫苗注入皮下结缔组织后，经毛细血管吸收进入血液，通过血液循环到达淋巴组织，从而产生免疫反应。注射部位多在耳根后皮下，皮下组织吸收比较缓慢而均匀，但油类疫苗不宜采取皮下注射。

（2）肌肉注射法。

肌肉注射是将疫苗注射于富含血管的肌肉内，又因感觉神经较少，故疼痛较轻，是目前使用最多的一种方法，大多数疫苗都是经这一途径免疫。注射部位在耳根后到颈部三角区或臀部。

（3）口服免疫法。

通过饲喂或饮水的方法进行免疫，此方法简单易行，节约劳力。如部分猪肺疫、副伤寒苗等。

（4）后海穴位注射法。

在尾根与肛门之间的部位，注射时稍往上倾斜，否则容易注射到直肠内，造成免疫失败。

（5）肺内注射法、气管内注射。

一般较少应用，支原体活苗一般采用这种方式，一般不容易操作。

（6）滴鼻接种法。

目前只有猪伪狂犬病疫苗采取滴鼻接种，它一般只引起局部黏膜免疫，持续期短，之后还要再进行免疫接种。

六、制订免疫程序时应考虑的主要问题

猪场在什么时间接种何种疫苗，是免疫上最为关键的问题。最好的做法是根据

本场的实际情况，考虑本地区的疫病流行特点，结合本猪场的饲养管理、母源抗体的干扰以及疫苗的性质、类型等各方面因素和免疫抗体检测结果，制订适合本场的免疫程序。其中下列几点是需要我们重点考虑的：

（1）本地区猪病疫情和本猪场已发生过什么病、发病日龄、发病频率及发病程度，依此确定疫苗的种类和免疫时间。对本地区、本场尚未证实发生的疾病，必须证明确实已受到严重威胁时才计划接种。

（2）母源抗体干扰：母源抗体的被动免疫对新生仔猪来说十分重要，然而给疫苗的接种也带来一定的负面影响，尤其是弱毒活疫苗在接种新生仔猪时，如果仔猪存在较高水平的母源抗体，则会极大地影响疫苗的免疫效果。因此，在母源抗体水平高时不宜接种弱毒疫苗。

（3）不同疫苗之间的干扰：同时免疫接种两种或多种弱毒苗往往会产生干扰现象。产生干扰的原因可能有两个方面：一是两种病毒感染的受体相似或相同，产生竞争作用；二是一种病毒感染细胞后产生干扰素，影响另一种病毒的复制。一般两种疫苗之间至少间隔一周以上再进行预防接种。

（4）季节性预防的疾病，如夏季预防日本乙型脑炎，秋冬季预防传染性胃肠炎和流行性腹泻等。

（5）疫苗接种时的注意事项：根据本场的实际情况，制订相应的免疫程序，选择可靠和适合本猪场的疫苗及相应的血清型，同时还必须根据实际防疫的检测结果定期做适当调整。

七、注射疫苗时应注意的事项

（1）疫苗使用前应检查其名称、厂家、批号、有效期、物理性状、储存条件等是否与说明书相符。明确其使用方法及有关注意事项，要严格遵守，以免影响效果。对过期、瓶塞松动、无批号、无详细说明书、油乳剂破乳上下分层、失真空及颜色异常或不明来源的疫苗均禁止使用。稀释时要注意稀释液是否能自动吸进去（即真空），并记下疫苗生产厂家、批号等，以便备案。

（2）注射器、针头、镊子等器具在使用前，应洗净煮沸并持续 20 min 后，晾干冷却再用，注射过程应严格消毒，最好能做到一猪换一个针头，至少要做到一圈换一个注射针头；另外，先注射健康的后注射相对差些的猪，防止交叉感染。吸苗时，不能用已给猪只注射过的针头吸取，可用一个灭菌针头，插在瓶塞上不拔出，裹以挤干的酒精棉球专供吸药用，吸出的疫苗不应再返回注瓶内，可注入专用空瓶内进行消毒处理。吸苗时注射器中空气的排除：用镊子夹取挤干的酒精棉球裹住针体，然后排除空气，使疫苗液流入酒精棉球，注意不能让酒精进入到疫苗瓶中或针头内。

（3）注射器要好用，刻度要清晰，不滑杆、不漏液；注射的剂量要准确，不漏注，进针要稳，拔针宜速，不得打"飞针"，以确保疫苗液真正足量地注射于肌肉内或皮下。

（4）使用前要对猪群的健康状况进行认真检查，并要清点猪头数，确保每头猪都进行了免疫。没有免疫的或不适合免疫的做好记录，等体质恢复时补注一次。被免疫猪只必须是健康无病的，否则易引起死亡并且达不到预期的免疫效果，用后要注意观察猪群情况，发现异常应及时处理。

（5）在疫苗使用过程中，应避免阳光直接照射疫苗瓶，但也要注意使稀释的疫苗达到室温再注射，否则注射后疫苗应激反应大。疫苗一旦启封使用，必须当日用完，最好在1~2h内尽快用完，不能隔日再用。

（6）若是新增设的疫苗要先做小群试验；对于已确定的免疫程序上的疫苗品种，在使用过程中尽量不要更换疫苗的生产厂家，以免影响免疫效果，若必须要更换的，最好也做一下小群试验。

（7）免疫接种完毕后，将所有用过的疫苗瓶及接触过疫苗液的瓶、皿、注射器等进行消毒处理。

（8）防止药物对疫苗接种的干扰和疫苗间的相互干扰，在注射病毒性疫苗的前后3d严禁使用抗病毒药物，两种病毒性活疫苗的使用要间隔7~10d，减少相互干扰。病毒性活疫苗和灭活疫苗可同时分开使用，两种细菌性活疫苗可同时使用，绝对不能把两种疫苗混合在一起使用。对猪反应大的疫苗最好不要在一起使用，如口蹄疫不宜与其他苗同时注射。注射活菌疫苗前后7d严禁使用抗菌素，抗菌素对细菌性灭活疫苗没有影响，可以同时使用。

（9）尽量保持注射部位干净，也可采用消毒的方法，先用5%的碘酊消毒，之后再用75%的酒精脱碘，待干燥后再注射，以免影响免疫效果。

（10）免疫接种时要保证垂直进针，这样可保证疫苗液的注射深度，同时还可防止针头弯折，但不要扎到骨头上。使用的针头型号及长度：哺乳仔猪是(7~9)*10 mm，断奶仔猪是9*20 mm，育成和后备猪用12*38 mm，基础公、母猪用16*45 mm。

（11）个别猪只因个体差异，在注射油佐剂疫苗时会出现过敏反应（表现为呼吸急促、全身潮红或苍白等），每次接种疫苗时要带上盐酸肾上腺素、地塞米松等抗过敏药备用。

八、影响免疫效果的因素

免疫应答是一个生物学过程，不可能提供绝对的保护，同时在一个免疫群体中，免疫水平也不会相等，这是因为免疫反应受到遗传和环境等诸多因素的影响。下面简要介绍一下能对猪群的免疫力产生影响的几点因素。

1. 遗传因素

动物机体对接种抗原有免疫应答在一定程度上是受遗传控制的，猪的品种繁多，免疫应答各有差异，即使同一品种不同个体的猪只，对同一疫苗的免疫反应，其强弱也不一致。

2. 环境因素

猪体内免疫功能在一定程度上受到神经、体液和内分泌的调节。当环境过冷、过热、湿度过大、通风不良时，都会引起猪体不同程度的应激反应，此应激反应可导致猪体对抗原免疫应答能力下降，接种疫苗后不能达到相应的免疫效果，表现为抗体水平低、细胞免疫应答减弱。所以不应在去势、断奶、转群等应激强的时间注射疫苗。

3. 营养状况

机体缺乏维生素 A，能导致淋巴器官的萎缩，影响淋巴细胞的分化、增殖、受体表达与活化，可使体内的 T 细胞、NK 细胞数量减少，吞噬细胞的吞噬能力下降，B 细胞的抗体产生能力下降。此外，其他维生素及微量元素、氨基酸的缺乏，都会严重影响机体的免疫功能。因而营养状况是免疫机制中不可忽略的因素。

4. 饲料中的霉菌毒素

能抑制免疫细胞的应答反应，使免疫失败。

5. 疫苗的质量

指具有良好免疫原性的病原微生物毒株经繁殖和处理后制成的生物制品，接种动物后能产生相应的特异性免疫效果，疫苗质量是免疫成败的关键因素，保证疫苗质量必须具备的条件是安全和有效。

6. 血清型

有些病原含有多个血清型，如猪大肠杆菌病等，其病原的血清型多，因此，选择适当的疫苗株是取得理想免疫效果的关键。在血清型多又不了解为何种血清型的情况下，应选用多价苗，如：利特佳是六价二联苗。

7. 其他因素

如母源抗体的干扰，患慢性病、寄生虫病，接种人员的业务水平等，都可能影响疫苗的免疫效果。

九、免疫接种应注意的若干问题

（1）疫苗应由专人使用，疫苗运输保存的冷藏设备要好，疫苗回到猪场后由专人按规定方法储藏保管，并应登记所采购疫苗的批号、生产日期、采购日期及失效期等。

（2）免疫接种前应检查登记注苗猪只的栋号、栏号、耳号及健康状况，患病猪及重胎猪应缓注，待其痊愈或产后再进行补注。

（3）注射疫苗前应检查并登记所用疫苗的名称、批号、外观质量、有效期等，临近失效期以及失空、霉变、有杂物或异物疫苗应予报废，严禁使用。

（4）注射疫苗前、后应对注射器、针头、剪等进行严格消毒，注射中严格做到一猪一针头，并应防止漏注、少注等质量事故，确保注射质量。务必做到头头注射，个个免疫，具体免疫时可以将免疫的猪用红蓝笔做记号，这样才不会遗漏。

（5）注射疫苗后应仔细观察猪群反应情况，发生严重反应时应及时报告，并立即采取相应的救治措施。

（6）注射活的细菌性疫苗前后 5 d，严禁使用抗生素。注射灭活疫苗与病毒性疫苗可以使用抗菌素，但最好分开部位注射或者使用对疫苗没有伤害的广谱抗菌素，如利高 44、速解灵等。

（7）对种猪按生产周期使用规定药物定期进行驱虫工作，仔猪应在 2 月龄、4 月龄及必要时使用规定的药物进行驱虫。

（8）依照当地疫病流行情况及猪场猪群保健需要，在必要时使用抗生素、化学抗菌药物对猪群实施群体药物预防或治疗。

十、免疫失败的原因

1. 疫苗因素造成的免疫失败

使用了假冒、伪劣及来源不明、标识不清、非法生产和非法进口的疫苗，或使用了过期、失效或破损的疫苗。或疫苗在采购、运输、保存过程中方法不当，使疫苗本身的效能受损。另外，疫苗的血清型与感染的病毒或细菌血清型不同，则免疫后起不到保护作用。有些常规剂量的疫苗已不能保护畜禽安全，如：不合格的猪瘟细胞苗需加量使用方能产生可靠抗体。疫苗间相互干扰：不同疫苗同时或以相同途径接种，疫苗在体内会相互干扰，影响彼此间的复制和免疫应答。如猪繁殖与呼吸障碍综合征活疫苗影响猪瘟活疫苗的免疫应答。

2. 环境因素引起的免疫失败

当畜禽处于高温、高湿、通风不良、寒流、强光、嘈杂、拥挤等应激状态时，均会影响免疫力的产生。平时不注重消毒、封锁，外来人员、车辆随意进出的畜禽生产场、院遭病原污染，疫苗接种后，在未产生免疫力时，动物已早期感染或遭受强毒株攻击。

3. 畜禽自身因素造成的免疫失败

饲养管理不善，机体缺乏维生素、微量元素，营养不良等，抗病力不强，从而影响免疫效果。畜禽的免疫功能不健全或患有免疫抑制性疾病，如：伪狂犬病、猪呼吸与繁殖综合征、猪圆环病毒病以及饲料霉菌毒素中毒、有些寄生虫病等会损害免疫系统，导致免疫抑制，使机体对疫苗不能产生免疫应答，造成免疫失败。

母源抗体的影响：疫苗抗原受高水平母源抗体的中和，从而影响免疫效果。在预防接种时，部分动物已处于亚临床感染或潜伏期感染强毒，在接种后往往会诱发病情，造成免疫失败。猪只正在生病、正在使用抗生素或免疫抑制药物进行治疗，造成抗原受损或免疫抑制。

4. 免疫程序不当造成免疫失败

初免时间过早，因动物免疫器官未发育成熟或受较高母源抗体的干扰，影响了抗体的产生；初免时间过晚，在免疫空白区，造成感染，错过了免疫的最佳时间，应根据抗体检测水平确定首免时间。动物的免疫接种，应该根据当地疫病流行情况，并结合本场实际而制订科学的防疫程序，而不应该随意增减防疫次数、疫苗种类及剂量等。不同疫苗及不同厂家生产的疫苗的免疫期、免疫方法都不同，有的疫苗须在配种前免疫（如：细小病毒病、乙型脑炎等）；有的须在产前接种（如：仔猪腹泻和传染性胃肠炎疫苗），不严格按免疫程序将影响免疫效果。多数疫苗接种一次不能获得终身免疫力，必须多次免疫，同时要考虑上一次免疫接种产生抗体的半衰期，过早接种可能被抗体中和，过迟则会错过激发二次免疫应答的最佳时机。

5. 人为因素造成的免疫失败

免疫接种操作不当，打"飞针"或注射器漏液，针头过粗或进针角度不正确，致使注射剂量不准，或注射到脂肪层内无法吸收。没有做到一猪一针，引起疾病水平传播。接种时，对已经注射过的猪未做标记，造成漏防或重防。疫苗稀释后，接种过程时间过长，致疫苗效价降低，一般不超过 2~3 h。通过拌料防疫，如猪肺疫免疫，由于采食量大小不均而致免疫抗体不齐。免疫方法不正确，根据疫苗的说明需皮下注射而采用肌肉注射，要求肌肉注射的采用口服，效果可能不好。疫苗稀释液的选择不当，如猪瘟要求是生理盐水，猪丹毒要求是铝胶，而猪三联必须用生理盐水稀释，若用铝胶液稀释，则影响猪瘟抗原。超大剂量或多次免疫引起免疫系统麻痹。

6. 药物因素造成的免疫失败

在免疫病毒性活苗时用抗病毒药，如利巴韦林、金刚烷胺、病毒灵等药物；在免疫细菌活苗后使用抗菌药，或免疫完后马上使用消毒药。在免疫接种时，同时使用了抗血清，血清是抗体，它使用后对病原或活苗有杀灭作用，或接种活病毒苗后使用干扰素。某些治疗传染病的药物有免疫抑制作用，如利福霉素可以抑制动物的体液免疫反应及细胞免疫反应，肾上腺皮质激素类药物地塞米松、氢化可的松、强的松等对免疫都有些影响。

十一、养猪场重要疾病的免疫

养猪除了用好常规疫苗（猪瘟、口蹄疫、猪细小病毒、猪乙型脑炎等疫苗），还要用好引起猪呼吸道和肠道疾病的疫苗，如伪狂犬病疫苗、猪萎缩性鼻炎疫苗、气喘病疫苗、大肠杆菌疫苗等，原因如下：

（1）单纯发生圆环病毒病、蓝耳病死亡率都很低，但如果并发伪狂犬病、气喘病、萎缩性鼻炎，死亡率迅速上升。并且容易继发其他细菌性疾病，如：副猪嗜血杆菌病、巴氏杆菌病等，形成猪呼吸道病综合征，使疾病治疗困难，损失巨大。

（2）猪呼吸系统的结构决定了必须用疫苗预防伪狂犬、萎缩性鼻炎、气喘病等疾病。

① 鼻腔：猪呼吸道的第一道防线，鼻腔可以阻挡空气中许多沾有病原菌的灰尘、飞沫等。发生萎缩性鼻炎，可破坏鼻腔的螺旋状结构，使病原体直接进入气管、支气管。

②气管、支气管：猪呼吸道第二道防线，气管、支气管内的绒毛，同样可以吸附和阻挡沾有病原菌的灰尘、飞沫等，防止病原菌进入肺部。气喘病能破坏气管、支气管上的绒毛或称纤毛，使其大量脱落，失去阻挡病原菌的能力，使病原体直接进入肺部。

③巨噬细胞：肺部的巨噬细胞是呼吸道的第三道防线，巨噬细胞能大量吞噬经鼻腔、支气管阻挡遗留的病原菌，从而防止病原菌从肺泡进入血液，蓝耳病病毒能破坏猪肺部巨噬细胞的免疫功能，使病原菌直接透过肺泡进入血液成为可能。

④体内抗体：如果猪只注射好各种疫苗，则进入体内的病原菌就会被相应的抗体中和。由于引起猪伪狂犬病、萎缩性鼻炎、气喘病、大肠杆菌病的病原体在养猪环境中普遍存在，所以，除了用好常规疫苗，必须用好猪伪狂犬病疫苗、气喘病疫苗、萎缩性鼻炎疫苗、大肠杆菌黄白痢、梭菌性红痢等疫苗，才能有效预防猪呼吸道疾病和肠道病的发生。

参考文献

[1] 杨公社. 猪生产学（动物科学专业用）(M). 北京：中国农业出版社，2002.
[2] 李海峰. 精品猪生产操作规程详解(M). 北京：中国农业出版社，2013.
[3] 董修建，李铁. 新编猪生产学(M). 北京：中国农业科学技术出版社，2012.
[4] 朱宽佑，潘琦. 养猪生产(M). 北京：中国农业大学出版社，2007.
[5] 赵江. 猪生产实训教程(M). 北京：中国农业科学技术出版社，2012.